基于迈克尔加成的
硫醇荧光成像探针

刘 涛 / 著

吉林大学出版社
·长 春·

图书在版编目（CIP）数据

基于迈克尔加成的硫醇荧光成像探针 / 刘涛著. —
长春：吉林大学出版社，2021.10
ISBN 978-7-5692-9159-9

Ⅰ.①基… Ⅱ.①刘… Ⅲ.①硫醇—生物小分子—荧光光谱 Ⅳ.① O623.81

中国版本图书馆 CIP 数据核字（2021）第 220987 号

书　　名	基于迈克尔加成的硫醇荧光成像探针	
	JIYU MAIKE'ER JIACHENG DE LIUCHUN YINGGUANG CHENGXIANG TANZHEN	
作　　者	刘　涛　著	
策划编辑	樊俊恒	
责任编辑	樊俊恒	
责任校对	张文涛	
装帧设计	马静静	
出版发行	吉林大学出版社	
社　　址	长春市人民大街 4059 号	
邮政编码	130021	
发行电话	0431-89580028/29/21	
网　　址	http://www.jlup.com.cn	
电子邮箱	jldxcbs@sina.com	
印　　刷	三河市德贤弘印务有限公司	
开　　本	787mm×1092mm　1/16	
印　　张	11.75	
字　　数	180 千字	
版　　次	2022 年 4 月　第 1 版	
印　　次	2022 年 4 月　第 1 次	
书　　号	ISBN 978-7-5692-9159-9	
定　　价	198.00 元	

版权所有　翻印必究

前 言

生物活性硫醇小分子,包括半胱氨酸(Cys)、同型半胱氨酸(Hcy)和还原型谷胱甘肽(GSH),在生物体的许多生理活动和新陈代谢过程中,扮演着重要的角色。硫醇的代谢、运输与体内许多重要的酶和蛋白质功能表达密切相关,硫醇浓度异常预示着相应的酶和蛋白质发生异常,可能导致许多疾病的发生。因此,定量检测生物体中的硫醇浓度,可为疾病的预防和诊断起到提示作用,在生命科学和临床医学中具有非常重要的意义。在各种各样检测硫醇的方法中,荧光探针以其选择性好、灵敏度高、检出限低、仪器简单和操作简便等特点,被认为是最简便有效的手段,广泛应用于检测识别活体组织和细胞中的微量样品。鉴于硫醇的生理重要性,近年来利用荧光探针方法检测硫醇含量的研究非常多。

本书主要利用硫醇中巯基的强亲核性设计合成了五种可与硫醇发生迈克尔加成反应的新型荧光成像探针,并通过研究探针分子与硫醇加成前后的紫外和荧光光谱变化,达到对硫醇识别检测的目的。具体研究工作如下:

(1) 设计合成了一种基于方酸衍生物的近红外硫醇荧光成像探针 2-1,硫醇分子中的巯基可以亲核加成缺电子的方酸四碳环,通过紫外吸收光谱和荧光发射光谱可以发现,该探针可以快速特异性识别 Cys/Hcy,而 GSH 及其他氨基酸对识别几乎不产生干扰。共聚焦成像实验表明，探针 2-1 可用于活细胞内检测 Cys/Hcy。

（2）设计合成了一种以三苯胺为荧光团、马来酰亚胺为识别基团的高选择性识别硫醇的荧光成像探针 3-1，该探针基于迈克尔加成机理实现了对硫醇的快速和特异性识别，反应机理经核磁和质谱方法进一步确定，并成功应用于细胞成像实验。

（3）设计合成了一种以萘酰亚胺为荧光团、马来酰亚胺为识别基团的硫醇荧光成像探针 4-1，可以对硫醇进行快速的高选择性识别，识别过程荧光表现为 off-on。响应时间研究表明，探针对硫醇的识别可在 120 s 内达到平衡。共聚焦成像实验证明，探针 4-1 可用于检测 HepG2 活细胞内的硫醇。

（4）设计合成了两个萘酰亚胺-马来酰亚胺同分异构体衍生物，通过研究它们与硫醇及其他氨基酸作用前后的荧光变化，筛选出能基于迈克尔加成机理，快速、特异性识别 Cys 的荧光成像探针 5-1，检出限低至 0.064 μmol/L，并成功应用于检测活细胞内的 Cys。

（5）设计合成了一种新型双荧光团组合型硫醇荧光成像探针 6-1，可用于在生理条件下特异性比率识别 Cys/Hcy。探针本身表现为蓝色荧光，Cys/Hcy 通过迈克尔加成催化分子内脱羧，进而诱导分子内开环重排，导致共轭体系被破坏，表现为荧光红移（125 nm），荧光强度比值（I_{560}/I_{435}）分别高达 142 倍（Cys）和 133 倍（Hcy）。响应时间研究表明，探针 6-1 与 Cys 的作用比与 Hcy 的作用快，而与 GSH 几乎不发生反应，并且将其成功应用于细胞和活体成像实验。

在本书的撰写过程中，作者不仅参阅、引用了很多国内外相关文献资料，而且得到了同事亲朋的鼎力相助，在此一并表示衷心的感谢。由于作者水平有限，书中疏漏之处在所难免，恳请同行专家以及广大读者批评指正。

作　者
2021 年 4 月

目 录

第 1 章
综 述

1.1 引 言	1
1.2 硫醇及其重要性	2
1.3 硫醇的检测	3
1.4 硫醇荧光探针	5
1.5 本书的研究内容	49

第 2 章
基于方酸衍生物的 Cys/Hcy 特异性荧光成像探针

2.1 引 言	51
2.2 实验部分	52
2.3 探针 2-1 对硫醇的识别研究	54
2.4 本章小结	63

第 3 章
基于三苯胺-马来酰亚胺衍生物的 Hcy/GSH 特异性荧光成像探针

3.1 引 言	65
3.2 实验部分	66
3.3 探针 3-1 对硫醇的识别研究	70
3.4 本章小结	79

第 4 章

基于萘酰亚胺-马来酰肼衍生物的快速响应型硫醇荧光成像探针

 4.1 引 言 81
 4.2 实验部分 82
 4.3 探针 4-1 对硫醇的识别研究 85
 4.4 本章小结 92

第 5 章

基于萘酰亚胺-马来酰亚胺衍生物的 Cys 特异性荧光成像探针

 5.1 引 言 93
 5.2 实验部分 94
 5.3 探针 5-1 对硫醇的识别研究 99
 5.4 本章小结 106

第 6 章

基于萘酰亚胺-香豆素组合型衍生物比率识别 Cys/Hcy 的荧光成像探针

 6.1 引 言 107
 6.2 实验部分 108
 6.3 探针 6-1 对硫醇的识别研究 112
 6.4 本章小结 125

第 7 章

总结与展望

 7.1 总 结 127
 7.2 展 望 129

参考文献 **130**

附录

本书中主要化合物的核磁共振氢谱、核磁共振碳谱以及高分辨质谱图

第 1 章

综 述

◆1.1 引　言

  人体中存在多种多样的功能分子和离子,如糖类、脂类、蛋白质、核酸、氨基酸、脂肪酸、气体信号分子和神经递质分子等,以及铁离子、钙离子、锌离子和亚硫酸根离子等。它们之间相互依赖、相互协调,发挥各自的功能和作用,维持人体机能得以正常平稳运转。某种分子或离子的水平异常,将有可能造成身体机能紊乱,导致多种疾病的发生。生物活性硫醇小分子便是一类不可或缺的功能分子,在大量的生理活动和新陈代谢过程中扮演着重要的角色。

  鉴于生物活性硫醇小分子的生理重要性,在生物体中快速高效且选择性地定量检测硫醇含量,对人们理解它们的各种功能机制具有重大意义。早期报道的检测硫醇普遍采用仪器检测方法,如高效液相色谱法(High Performance Liquid Chromatography,HPLC)、质谱法(Mass Spectrometry,MS)、电化学分析法(Electrochemical Analysis)和毛细管电泳法(Capillary Electrophoresis,CE)等。然而这些方法均存在一定缺陷,比如需要复杂耗时的程序,使用高级昂贵的仪器,重复性较差且检出限较高等。科研工作者们一直致力于开发快速高效且适用于生物体内的硫醇检测方法[1]。

光学探针,尤其是荧光探针,具有选择性好、灵敏度高、操作简便、设备简单、检出限低且能应用于细胞和活体检测等优点,能有效规避仪器检测方法存在的各种缺陷,受到越来越多科研工作者的青睐,因此,近年来运用荧光探针手段检测硫醇的研究非常活跃[1]。

◆1.2 硫醇及其重要性

生物体中存在三种具有生物活性的硫醇小分子,分别为半胱氨酸(Cysteine,Cys)、同型半胱氨酸(Homocysteine,Hcy)和还原型谷胱甘肽(Glutathione,GSH),它们具有类似的化学结构(图1.1),在生物体中扮演着重要的角色,涉及并参与多种生理活动,其代谢和运输与体内许多重要的酶和蛋白质的功能表达密切相关。一般来说,硫醇的含量是评价体内相应的酶和蛋白质功能活性的重要指标,硫醇含量异常,可能引发多种生理疾病[2]。

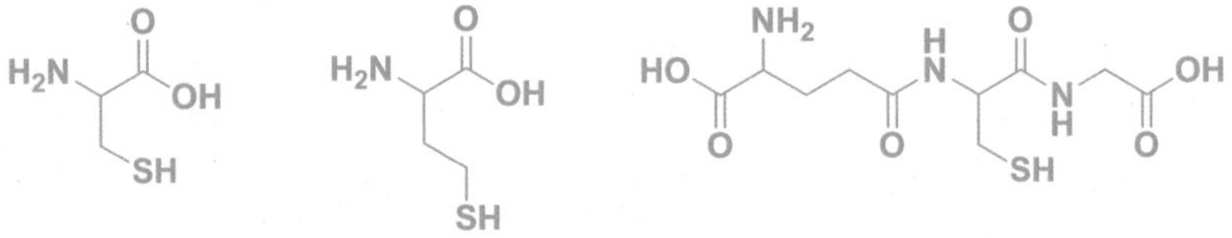

半胱氨酸(Cys)　　同型半胱氨酸(Hcy)　　还原型谷胱甘肽(GSH)

图1.1　三种生物硫醇结构

Figure 1.1 The structures of three biothiols

Cys是生物体中GSH、乙酰辅酶A,以及牛磺酸的前体化合物,也是铁硫簇中硫的主要来源,在维持蛋白质结构稳定和功能正常表达中发挥着关键作用。Cys的巯基是酶促亲核反应中理想的亲核试剂,具有在生理条件下经历可逆氧化还原反应的能力,这对于形成二硫键,同时保持蛋白质的三级和四级结构是必需的。Cys 浓度异常可能会引起多种疾病,比如儿童生长缓慢、毛发色素脱失、肝损伤、肥胖、水肿、嗜睡、肌无力、皮肤病变及虚弱等[3]。

Hcy 是人体自身通过甲硫氨酸合成 Cys 的过程中产生的关键中间体,与心血管系统的健康状况密切相关。胱硫醚-β-合成酶、胱硫醚-γ-裂解酶,以及相关辅酶因子等表达异常会引起 Hcy 积累过多,从而导致一些遗传性疾病如高胱氨酸尿症、唐氏综合征、阿尔茨海默病(Alzheimer Disease,AD)、心血管疾病(Cardiovascular Disease,CVD)、先天畸形、老年痴呆症、肾功能衰竭,以及维生素缺乏症等[4]。

GSH 是细胞中含量最多的非蛋白硫醇,在细胞质中的浓度约为 0.1~10 mmol/L,由于细胞种类不同,大多数细胞中 GSH 的浓度约为 1~2 mmol/L。GSH 与多种细胞功能密切相关,如维持细胞内氧化还原动态平衡、异生物质代谢、细胞内信号传导和基因调控等。普遍认为,GSH 可以保持蛋白质中的半胱氨酸巯基处于还原状态,可以捕获因氧化应激损伤 DNA 和 RNA 而产生的自由基,从而保护细胞免受自由基损害。游离状态的谷胱甘肽与氧化状态的谷胱甘肽二硫化物的含量比值(通常大于100∶1)是评价细胞中相应酶活性和氧化还原状态的重要指标,浓度异常与某些炎症和肺部疾病有关,如囊性纤维病等[5]。

因此,定量检测生物体中硫醇含量,不仅可以帮助我们研究含巯基酶或者蛋白质在生理病理过程中发挥的作用,同时也对多种疾病的预防诊断具有提示作用,为临床应用提供理论依据。

◆ 1.3 硫醇的检测

1.3.1 传统检测硫醇方法

传统检测硫醇普遍采用仪器检测方法。例如,高效液相色谱法和毛细管电泳法,通过联用不同的分析仪器提高检测分辨率,但就设备成本、样品处理、运行时间、定量检测以及参数评估等方面而言,都具有一定的局限性,不适用于高通量常规临床试验及科研应用[6]。

直接电化学方法检测硫醇简单易用,但由于生物体内大多数还原性物质与硫醇具有相似的氧化电位,因此在普通固体电极上直接氧化硫醇不具有选择性,并且反应速率一般都比较缓慢,需要超大电势才能进行。虽然这些问题可以通过间接检测来加以改善,如改用汞齐电极和辅酶吡咯并喹啉醌改性碳电极,然而,由于汞毒性大,使用汞或汞齐电极无法在生物体中进行分析检测。其他一些可作为硫醇电子媒介的有机或无机电活性指示剂也可应用于硫醇检测。然而,硫醇和指示剂通过电催化发生反应,需要在极其精细且不断微调的实验条件下才能完成,苛刻的实验条件限制了这种技术的广泛使用。

质谱法也常被应用于检测硫醇,如薄膜进样质谱(membrane inlet mass spectrometer, MIMS)、气质联用(gas chromatography-mass spectrometry, GC-MS)和液质联用(liquid chromatography-mass spectrometry, LC-MS)等,具有分析范围广、检测速度快及灵敏度高等特点,在测定化合物分子量、推测分子式和结构式等方面应用广泛。质谱法提供了优异的选择性,可以精确检测母体离子或分子片段质量,信噪比高,灵敏度高,同时减少了样品纯化和衍生化的时间,分析时间短,提高了科研效率。但由于质谱仪器操作繁杂、程序复杂,以及定量重复性差,尤其是在类似血液或尿液等复杂样品的分析测试中,多次检测无法获得精确一致的结果,同样无法普及使用[7]。

1.3.2 荧光探针检测硫醇

荧光探针检测方法具有传统仪器检测方法无法比拟的优点,以其选择性好、灵敏度高、仪器简单、操作简便、检出限低,以及不受外界电磁场影响等特点,受到越来越多科研工作者的广泛关注。荧光探针最大的优点在于可进行活细胞和生物体内的检测和标记,具有高时空分辨率可视化成像的特点,在分子生物学和临床医学等领域应用广泛。使用荧光探针检测硫醇浓度被认为是最简便有效的方法[8]。荧光探针一般示意图如图1.2所示。

图 1.2 荧光探针示意图

Figure 1.2 The schematic diagram of fluorescent probe

在荧光探针分子中,荧光团决定了识别的灵敏度,识别基团决定了探针分子的选择性,而连接基团则起到识别枢纽的作用。待测物和探针分子之间发生相互作用,改变了探针的光谱性质,从而达到选择性识别的效果。待测物与探针之间的相互作用,可以基于可逆的非共价作用如氢键、π—π键、供体-受体作用、静电作用、疏水性、亲水性和配位作用等,也可以基于不可逆的共价作用发生特定的化学反应。在生理条件下,为了检测极低浓度和极短寿命的生物样品以进行生理检测和生物成像,需要有合适的反应动力学才能进行反应[9]。因此,设计荧光探针的关键在于开发反应效率高、化学选择性好和生物正交反应能顺利进行的探针[10]。

◆1.4 硫醇荧光探针

目前为止,文献报道的大多数硫醇荧光探针主要是利用硫醇的强亲核性和对金属离子的高结合性,涉及探针和硫醇之间的特定反应,主要基于以下几种机理:迈克尔加成、醛基的环化、磺酸酯和磺酰胺的裂解、硒-氮键的裂解、二硫键的裂解、金属络合物的氧化还原和配体置换、取代重排机理及其他机理等。

1.4.1 迈克尔加成

硫醇中的巯基具有很强的亲核性，易与迈克尔受体发生亲核加成反应，近年来，基于迈克尔加成机理的硫醇荧光探针的开发一直比较活跃。常见的迈克尔受体有方酸衍生物、马来酰亚胺、丙烯酰基、色烯分子、硝基烯及其他一些不饱和双键等。

方酸衍生物中的方酸四碳环是一个极度缺电子中心，易与巯基发生迈克尔加成反应。通常情况下，方酸衍生物的电子给体－受体－给体（Donor-Acceptor-Donor，D-A-D）分子结构决定了其具有独特的光谱性质，发射波长较长，在长波段（620～670 nm）有尖锐的强吸收峰〔消光系数 ≥ 10^5 L/（mol·cm）〕。西班牙巴伦西亚大学 Martínez-Máñez 教授课题组报道了两个方酸衍生物硫醇荧光探针 1-1 和 1-2，用于特异性检测 Cys 浓度[11]（图 1.3）。在 CH_3CN-MES（10 mmol/L，pH=6.0，1∶4，V/V）缓冲溶液中，探针 1-1 和 1-2 本身在 640 nm 处有很强的荧光，当加入 Cys 后，溶液颜色变淡以致褪色，并且荧光几乎完全猝灭。这两个探针均被成功应用于检测人体血浆中的 Cys 浓度。

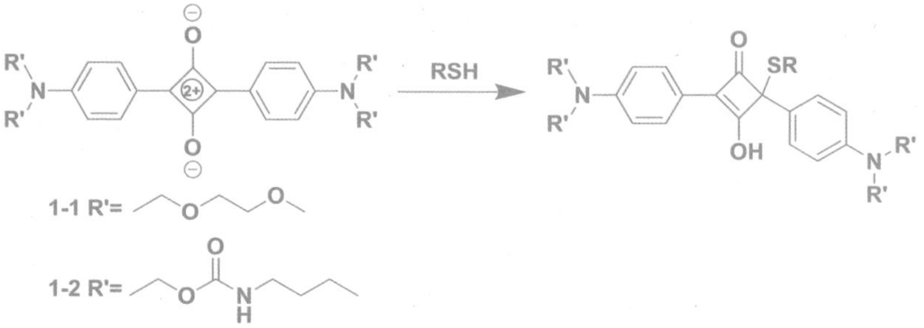

图 1.3 探针 1-1 和 1-2 与硫醇的作用机理图

Figure 1.3 The reaction mechanisms of fluorescent probes 1-1 and 1-2 with thiols

得克萨斯大学奥斯汀分校 Anslyn 教授课题组报道了一种方酸衍生物探针 1-3[12]，并提出一种新机理，即利用不同硫醇对金属离子的结合能力不同，达到区分识别硫醇的效果。如图 1.4 所示，硫醇和金属离子同时用作与探针反应的待测物和"调节剂"，当探针 1-3 分别与丙硫醇（PT）、3-巯基丙酸（MPA）、2-萘硫醇

（NT）、2,3-二巯基丙醇（DMP），以及 2-乙酰氨基-3-巯基丙酸甲酯（ACM）发生加成反应后，再分别与不同金属离子进行作用，通过研究光谱性质的变化，达到既能区分识别硫醇，又能区分识别不同金属离子的效果。

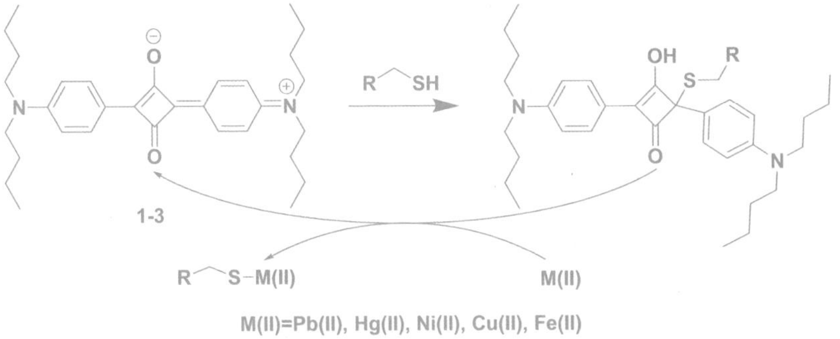

图 1.4 探针 1-3 与硫醇的作用机理图

Figure 1.4 The reaction mechanisms of fluorescent probe 1-3 with thiols

众所周知，发射波长在 650～900 nm 的近红外光比可见光具有更强的组织穿透性，在生物成像方面非常实用，并被广泛应用于荧光探针的开发研究中。印度 Ajayaghosh 教授课题组报道了一个基于 π-共轭的近红外方酸衍生物硫醇荧光探针 1-4[13]（图 1.5）。在 CH_3CN-CHES（10 mmol/L，pH=9.6，1∶1，V/V）缓冲溶液中，由于方酸环与两个 π-双吡咯环共轭，探针 1-4 的最大吸收和发射峰红移到近红外区（λ_{abs} = 730 nm，λ_{em} = 800 nm），当加入硫醇发生迈克尔加成反应后，探针的 π-共轭体系被打断，导致荧光从近红外区蓝移到可见光区（λ_{abs} = 440 nm，λ_{em} = 592 nm）。该探针可用于预估人体血浆中的硫醇浓度，并证实了吸烟可引起血浆中硫醇浓度增大。

马来酰亚胺结构单元具有很强的吸电子性，是一个非常经典的迈克尔受体，可以与硫醇中的巯基发生迈克尔加成反应，达到识别检测硫醇的目的。当马来酰亚胺与荧光团中的氨基反应形成共轭体系后，能够引起从荧光团到马来酰亚胺单元的光致电子转移（PET）过程，导致探针分子荧光猝灭。巯基的加成使得马来酰亚胺中的双键饱和，弱化了其吸电子能力以致 PET 过程被抑制，荧光团的荧光活性随之发生改变，实现对硫醇的荧光检测。尽管近些年来，基于马来酰亚胺为识别位点的硫醇荧光探针被广泛开发，但最早的相关报道可以追溯到 1981 年密歇根大学安娜堡分校 Sippel 教授报道的基于香豆素-马来酰亚胺的硫醇荧光探针 1-5[14-15]（图 1.6）。这是第一个报道的基于巯基与马来酰亚胺发生迈克尔加成反应的硫醇荧光探针。

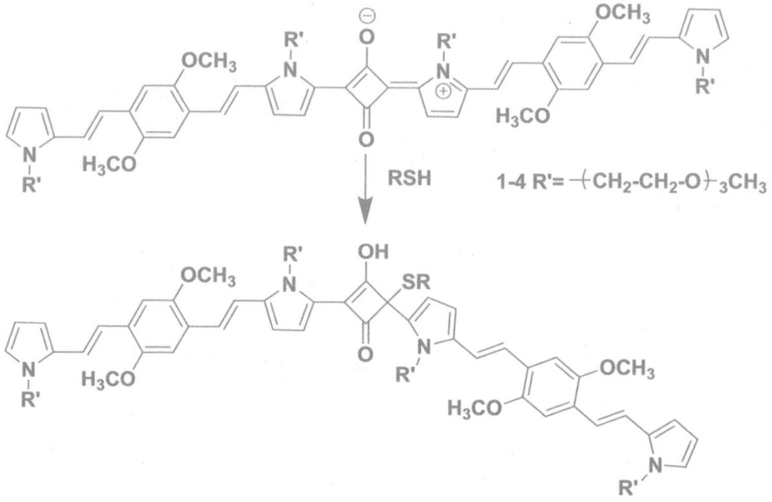

图 1.5 探针 1-4 与硫醇的作用机理图

Figure 1.5 The reaction mechanisms of fluorescent probe 1-4 with thiols

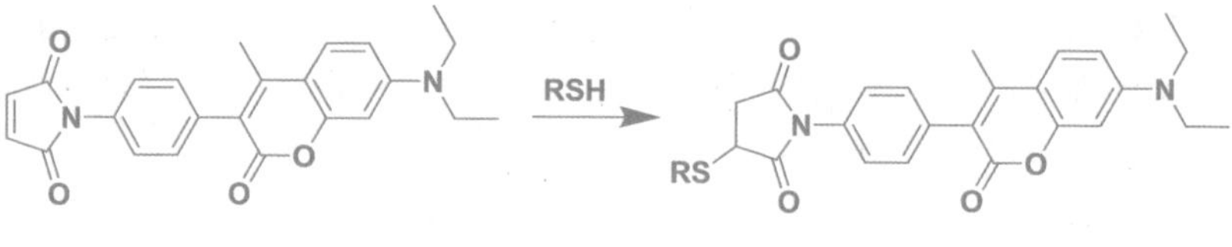

图 1.6 探针 1-5 与硫醇的作用机理图

Figure 1.6 The reaction mechanisms of fluorescent probe 1-5 with thiols

美国 Langmuir 教授课题组延续了马来酰亚胺基团可以与硫醇发生迈克尔加成反应的机理，设计合成了 5 个萘并吡喃酮马来酰亚胺衍生物硫醇荧光探针 1-6、1-7、1-8、1-9 和 1-10[16]（图 1.7）。与香豆素相比，萘并吡喃酮的共轭平面更大，表现出更好的光学性质。由于马来酰亚胺内存在 n—π* 跃迁，导致与之共轭相连的萘并吡喃酮荧光强度显著降低，而当硫醇加成到马来酰亚胺结构单元上使双键达到饱和时，荧光又恢复如初。尽管文章中缺乏详细的实验数据，但作者也阐述了探针 1-7 和 1-8 可以在中国仓鼠的 V79 活细胞中选择性检测 GSH。

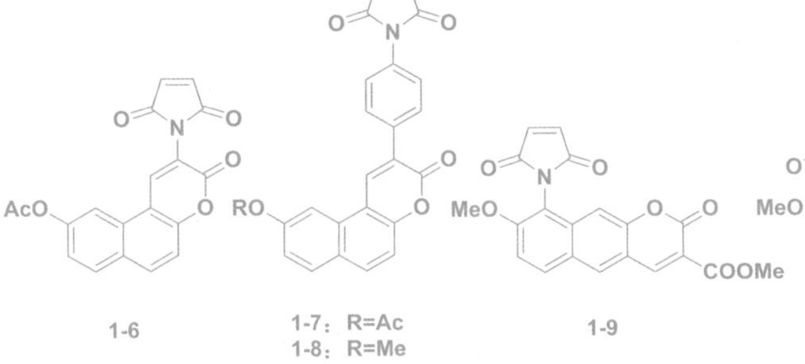

图 1.7　探针 1-6、1-7、1-8、1-9 和 1-10 的结构

Figure 1.7 The structures of fluorescent probes 1-6, 1-7, 1-8, 1-9 and 1-10

2-巯基乙磺酸钠（MESNA）是一种硫醇类药物，可用于清除体内代谢过程中产生的活性氧物质（ROS），在缺血性急性肾衰竭治疗中发挥着重要作用，因此急需一种新型灵敏的检测方法来认识和了解这类药物的药代动力学。密苏里大学罗拉分校的 Ercal 教授课题组报道了具有潜在应用价值的探针 1-11[17]（图 1.8），利用迈克尔加成机理，通过反相 HPLC 荧光检测来确定生物样品中游离的 MESNA 含量，并通过实验进一步测定了生物组织样品如肺、肝、肾和脑组织中 MESNA 的浓度。

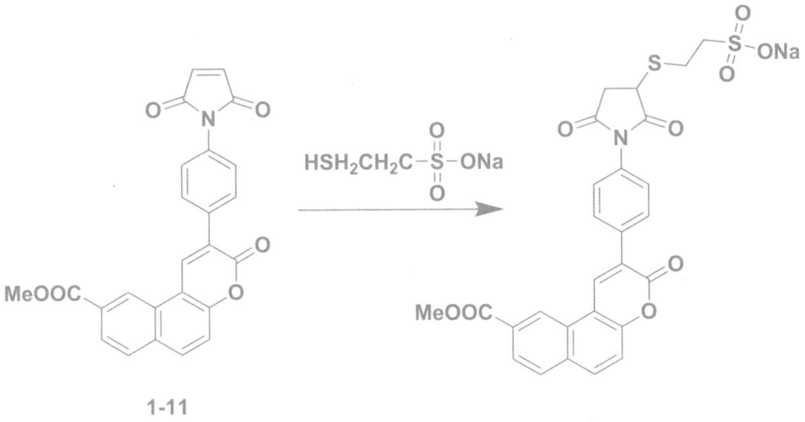

图 1.8　探针 1-11 与 MESNA 的作用机理图

Figure 1.8 The reaction mechanisms of fluorescent probe 1-11 with MESNA

印度 Talukdar 教授课题组报道了一种基于色烯喹啉的荧光探针 1-12[18]，可用于检测生物硫醇（图 1.9）。在 DMSO-HEPES（10 mmol/L，pH=7.4，1∶99，V/V）缓冲溶液中，加入硫醇后体系荧光增强 223 倍，探针对硫醇的荧光响应显示出良好的线性关系，并且成功应用于 MDA-MB-231 活细胞内的硫醇检测。

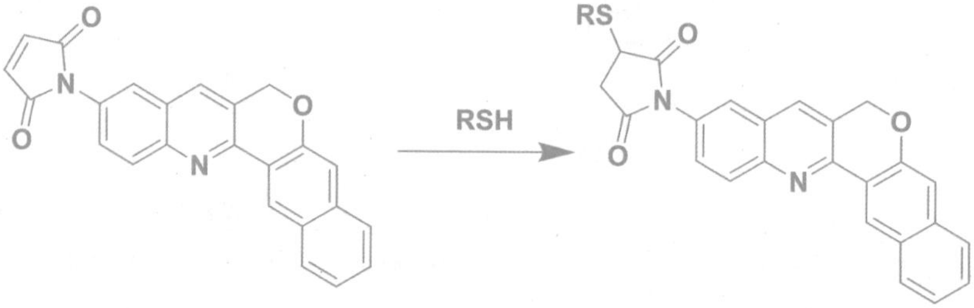

图 1.9 探针 1-12 与硫醇的作用机理图

Figure 1.9 The reaction mechanisms of fluorescent probe 1-12 with thiols

日本东京大学 Nagano 教授课题组报道了一种基于 BODIPY 的邻位马来酰亚胺硫醇荧光探针 1-13[19]（图 1.10），由于探针分子内存在 PET 过程，探针荧光几乎完全猝灭，当探针与硫醇反应后，荧光显著增强，信噪比高达 350 倍，可用于检测极低浓度的硫醇。作为对比，间位和对位的衍生物本身依然有很强的荧光，加入硫醇后荧光没有太明显的变化，这可能是由于邻位衍生物中，电子给体和电子受体之间的 PET 距离更短，导致荧光能够完全猝灭。

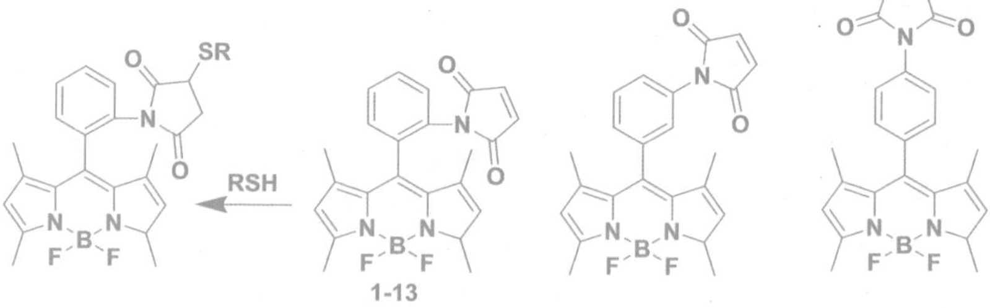

图 1.10 探针 1-13 与硫醇的作用机理图

Figure 1.10 The reaction mechanisms of fluorescent probe 1-13 with thiols

山西大学阴彩霞教授课题组报道了一种可以对 Cys 特异性识别的马来酰亚胺类硫醇荧光探针 1-14[20]（图 1.11），在纯

HEPES（10 mmol/L，pH 7.4）缓冲溶液中，由于马来酰亚胺结构单元的强吸电子性，探针本身几乎没有荧光，而当加入 Cys 发生迈克尔加成反应后，体系荧光显著增强。探针 1-14 对 Cys 的检出限低至 0.038 μmol/L，并成功应用于 HepG2 活细胞共聚焦荧光成像实验。

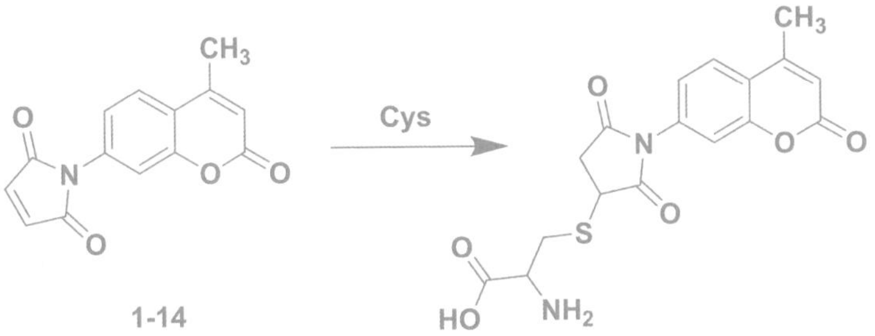

图 1.11 探针 1-14 与 Cys 的作用机理图

Figure 1.11 The reaction mechanisms of fluorescent probe 1-14 with Cys

加拿大 Keillor 教授课题组报道了一系列包含有 2 个马来酰亚胺基团的硫醇荧光探针[21]（图 1.12），这几个探针均可以与 2 当量（物质相互作用时的质量比值）的单巯基硫醇或者 1 当量的双巯基硫醇进行加成反应。同时，通过特殊设计使 α-螺旋蛋白重组后携带 2 个 Cys 基团，可以在体外与探针的马来酰亚胺基团进行有效加成标记，证明了将该探针应用于标记特定蛋白质的可行性。之后该课题组又报道了一条新的合成路线[22]，可以使任何荧光团以模块化方式连接双马来酰亚胺基团，便于制备各种带有双马来酰亚胺基团的硫醇荧光探针 1-19。文章中通过对丹磺酰胺和马来酰亚胺的氧化还原电位进行测量，证明了从丹磺酰胺到马来酰亚胺基团的电子转移过程中会释放能量，从而导致探针分子荧光猝灭。

爱尔兰都柏林圣三一学院 Gunnlaugsson 教授课题组以 Tb（Ⅲ）配合物为荧光团，基于迈克尔加成机理，设计合成了硫醇荧光探针 1-20[23]（图 1.13）。探针分子结构中存在从 Tb（Ⅲ）配合物荧光团到马来酰亚胺结构单元的光诱导电子转移（PET）效应，导致 Tb（Ⅲ）配合物荧光猝灭，硫醇加成后荧光恢复。探针 1-20 的优点在于发射区间窄、发射波长长且激发态寿命长，使探针荧光区别于寿命短的自发荧光，可成功应用于检测活细胞中的 GSH。

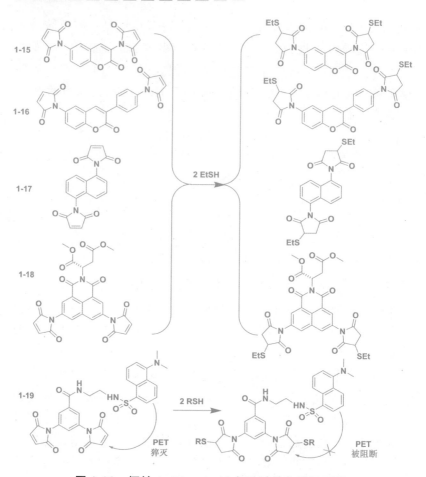

图 1.12 探针 1-15 ~ 1-19 与硫醇的作用机理图

Figure 1.12 The reaction mechanisms of fluorescent probes 1-15 ~ 1-19 with thiols

图 1.13 探针 1-20 与硫醇的作用机理图

Figure 1.13 The reaction mechanisms of fluorescent probe 1-20 with thiols

丙烯酰基结构单元也是一种非常经典的迈克尔受体，与马来酰亚胺结构类似，丙烯酰基同样具有极化的 α，β 不饱和中心，可以与硫醇的巯基发生迈克尔加成反应。由于三种硫醇的亲核性不同，导致存在不同的加成反应速率及环化裂解过程，从而可以实现对硫醇的选择性识别。

美国阿克伦大学庞毅教授课题组设计合成了一种以丙烯酰基为识别位点的比率型硫醇荧光探针 1-21[24]（图 1.14），探针本身在 380 nm 处发出微弱的蓝色荧光，当与 Cys 发生迈克尔加成反应后，荧光发生改变，发射峰转变为 510 nm 处的强绿色荧光，并且荧光增强约 20 倍。探针具有优异的选择性、低细胞毒性和良好的细胞膜通透性，可以选择性识别细胞中的 Cys，并应用于生物荧光成像。

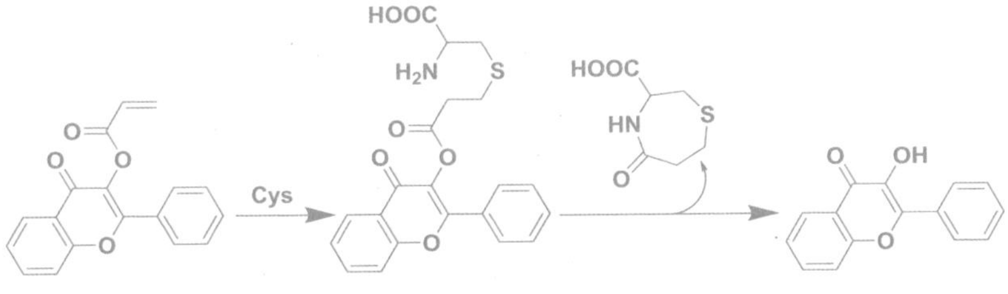

图 1.14　探针 1-21 与 Cys 的作用机理图

Figure 1.14 The reaction mechanisms of fluorescent probe 1-21 with Cys

西北大学杨小峰教授课题组基于激发态分子内质子传递（ESIPT）机理，报道了一种基于丙烯酰基的硫醇荧光探针 1-22[25]（图 1.15）。探针本身缺乏可电离的质子而不参与 ESIPT，由于存在烯烃诱导的 PET 猝灭，导致在 377 nm 处显示一个很弱的荧光发射，当与硫醇发生迈克尔加成反应后，PET 被阻断，荧光增强。由于在后续环化离去过程中，存在反应速率及稳定性的差异，实现了对 Cys 和 Hcy 的区分识别，检出限分别低至 0.11 μmol/L 和 0.18 μmol/L。另外，通过在稀释的去蛋白质人血浆中选择性检测 Cys 和 Hcy，说明该探针具有潜在的临床应用。在此基础上，该课题组又相继报道了类似机理的硫醇荧光探针 1-23[26] 和 1-24[27]。

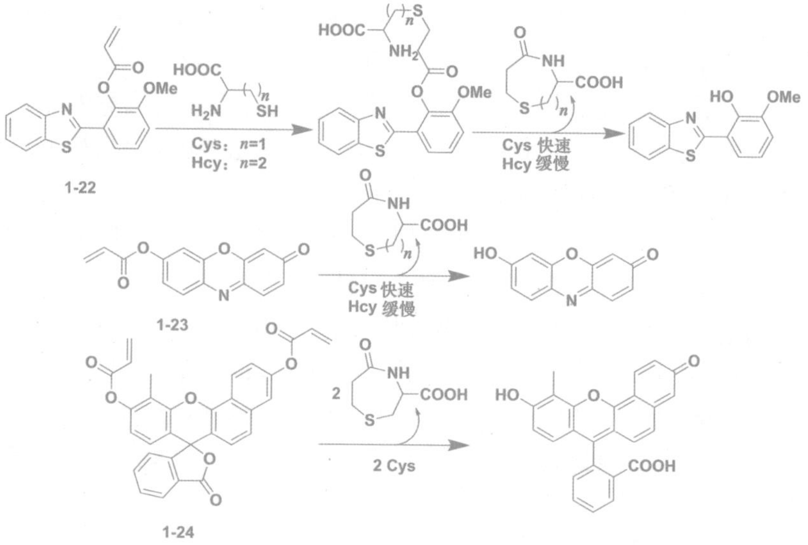

图 1.15 探针 1-22、1-23 和 1-24 与硫醇的作用机理图

Figure 1.15 The reaction mechanisms of fluorescent probes 1-22, 1-23 and 1-24 with thiols

香港城市大学的孙红燕教授课题组报道了一种水溶性的硫醇荧光探针 1-25[28]（图 1.16），在 PBS（pH=7.4）缓冲溶液中，探针本身的荧光几乎可以忽略不计，当与硫醇发生加成后，荧光显著增强，而加入其他氨基酸或亲核性试剂，荧光并不发生改变。探针与三种生物硫醇反应活性顺序为 Cys>GSH>Hcy，并且可以应用于 A549 活细胞成像实验。

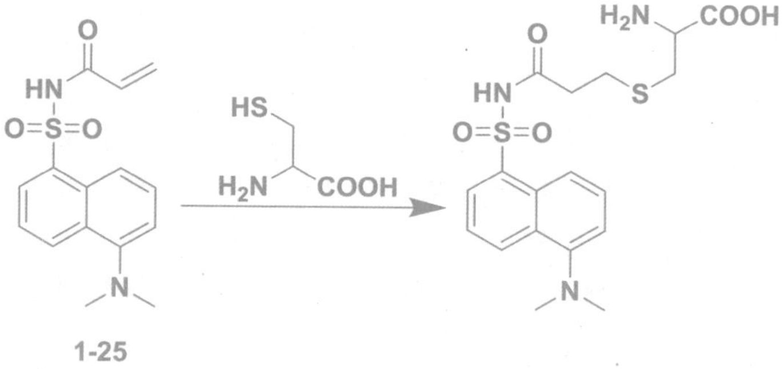

图 1.16 探针 1-25 与 Cys 的作用机理图

Figure 1.16 The reaction mechanisms of fluorescent probe 1-25 with Cys

南京工业大学陈小强教授课题组报道了两种基于荧光素的

硫醇荧光探针 1-26 和 1-27[29]（图 1.17），在与 Cys 发生作用后，体系荧光和紫外均发生明显变化，表现出对 Cys 的高选择性和高灵敏度。与单一的含有丙烯酰基的荧光素衍生物 1-26 相比，探针 1-27 对 Cys 显示出更好的选择性，这可能是因为在探针分子和 Cys 之间发生了双重加成 – 裂解离去过程，从而提升了探针的选择性。

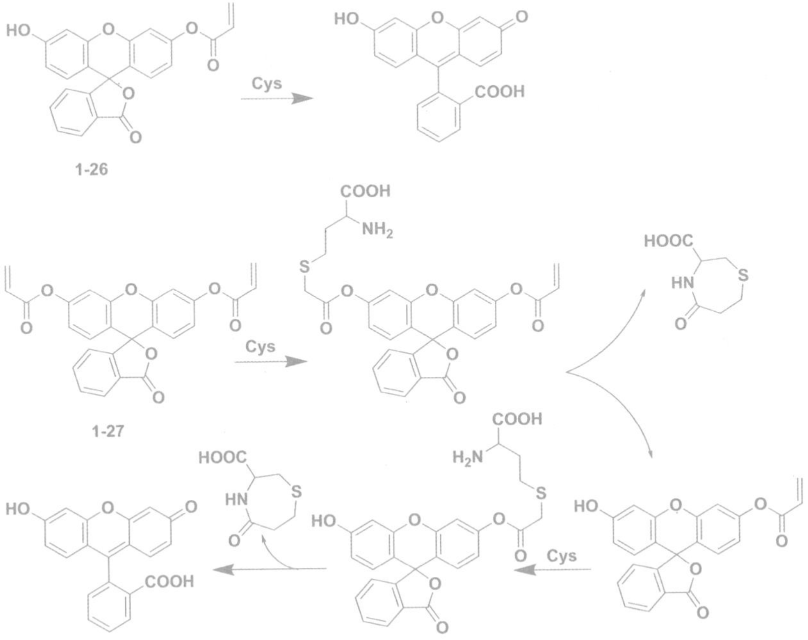

图 1.17 探针 1-26 和 1-27 与 Cys 的作用机理图

Figure 1.17 The reaction mechanisms of fluorescent probes 1-26 and 1-27 with Cys

山东大学赵宝祥教授课题组通过将香豆素与丙烯酰基相连，设计出一种对 Cys 特异性识别且可以进行"裸眼识别"的硫醇荧光探针 1-28[30]（图 1.18），探针对 Cys 的检出限低至 0.657 μmol/L，并成功应用于小牛血清和活细胞中的 Cys 识别检测。该课题组在进一步研究中设计出一种基于丙烯酰基的 GSH 特异性荧光探针 1-29[31]，由于该探针与 GSH 反应生成的产物具有很强的荧光，而与 Cys 和 Hcy 反应生成的酚衍生物几乎无荧光，达到了区分识别的效果。

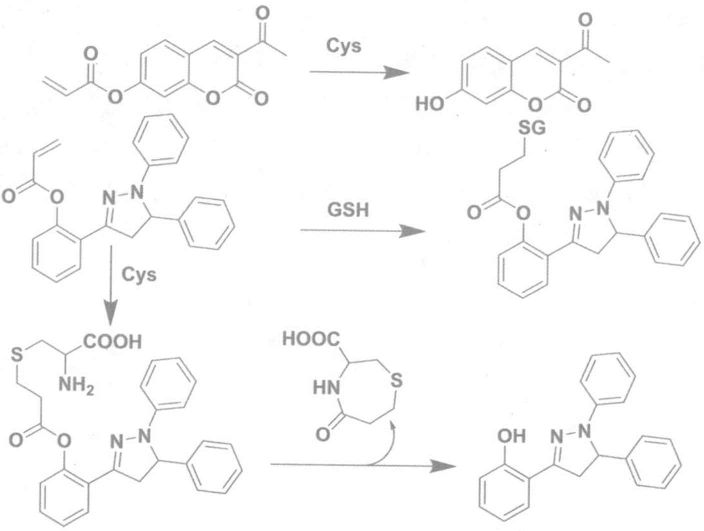

图 1.18 探针 1-28 和 1-29 与硫醇的作用机理图

Figure 1.18 The reaction mechanisms of fluorescent probes 1-28 and 1-29 with thiols

韩国梨花女子大学 Yoon 教授课题组以花菁类染料为母体荧光团,开发出一种近红外比率型硫醇荧光探针 1-30[32](图 1.19),对 Cys 具有高度选择性。探针本身的吸收峰和发射峰分别在 770 nm 和 780 nm,加入 Cys 反应后,由于 Cys 诱导探针发生去酯化反应,同时存在烯醇式互变异构化过程,导致荧光和紫外光谱分别蓝移到 515 nm 和 570 nm 处,且成功在 MCF-7 细胞成像实验中观察到相同的荧光变化。

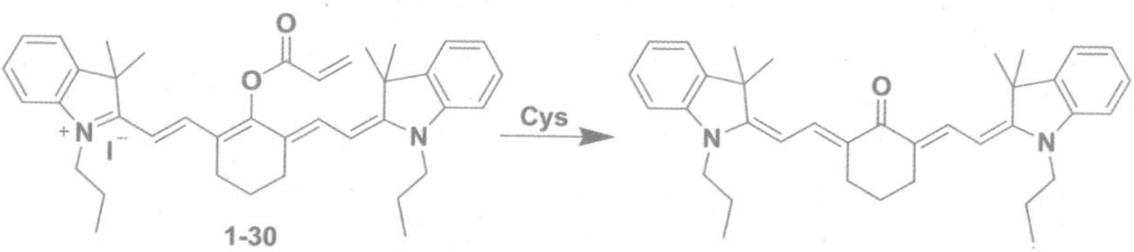

图 1.19 探针 1-30 与 Cys 的作用机理图

Figure 1.19 The reaction mechanisms of fluorescent probe 1-30 with Cys

兰州大学刘伟生教授课题组,基于相似的机理,报道了两个对 Cys 特异性识别的荧光探针 1-31[33] 和 1-32[34](图 1.20)。由于 Hcy 和 GSH 与探针的反应非常缓慢,在测量的有效时间范围内不产生任何游离荧光团,因而几乎没有紫外和荧光变化,从而可以认为达到区分识别的效果,表现出对 Cys 具有高度选择性。另外,探针 1-32 也被济南大学朱宝存教授课题组应用于检测内源性 Cys[35]。

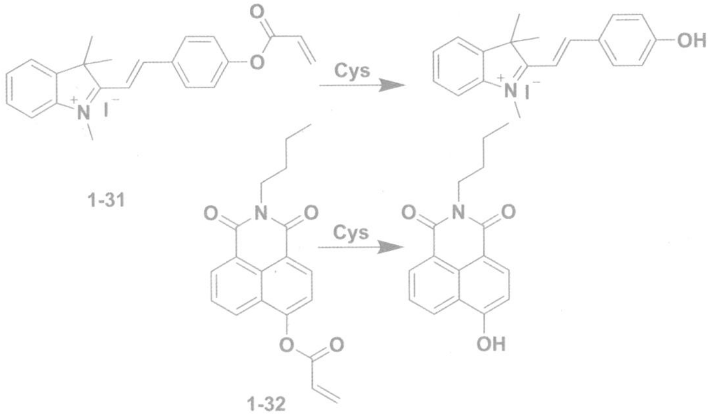

图 1.20 探针 1-31 和 1-32 与 Cys 的作用机理图

Figure 1.20 The reaction mechanisms of fluorescent probes 1-31 and 1-32 with Cys

华中师范大学冯国强教授课题组报道了一种基于丙烯酰基的比率型硫醇荧光探针 1-33[36]（图 1.21）,对三种生物硫醇均有响应,灵敏度非常高,可以在小于 20 nmol/L 的极低浓度中检测硫醇。该探针对生物硫醇没有区分识别效果,反应速率也大致相等,这可能与探针和硫醇之间极高的反应活性有关。类似性质的还有赵宝祥教授课题组报道的硫醇荧光探针 1-34[37]。

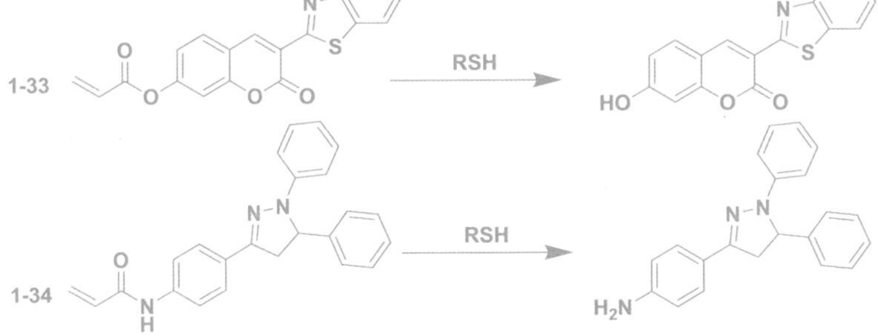

图 1.21 探针 1-33 和 1-34 与硫醇的作用机理图

Figure 1.21 The reaction mechanisms of fluorescent probes 1-33 and 1-34 with thiols

韩国科学院院士 Jong Seung Kim 教授课题组报道了一种可在癌细胞和组织切片中特异性检测 Cys，且具有双光子性质的硫醇荧光探针 1-35[38]（图 1.22），该探针在识别硫醇的研究中表现出高选择性、高灵敏度和低细胞毒性等优点，可以在不同的癌细胞和组织切片中检测 Cys 的分布和浓度变化，且深度可以达到 60 mm。

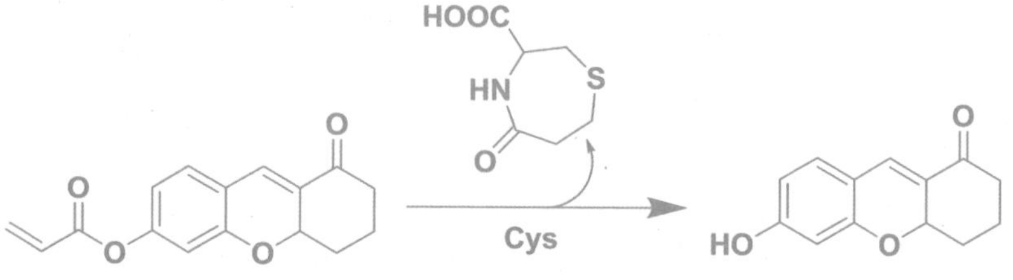

图 1.22 探针 1-35 与 Cys 的作用机理图

Figure 1.22 The reaction mechanisms of fluorescent probe 1-35 with Cys

台湾交通大学吴淑褓教授课题组报道了一种香豆素类硫醇荧光探针 1-36[39]（图 1.23），通过迈克尔加成反应诱导探针荧光开启，表现出对 Cys、Hcy 和 GSH 的高选择性和高灵敏度，对其他氨基酸几乎没有任何响应，并且对三种硫醇检出限很低，Cys 低至 192 nmol/L，Hcy 为 158 nmol/L，GSH 为 155 nmol/L。通过开展 RAW 264.7 细胞共聚焦荧光显微镜成像实验，表明该探针可以用于检测活细胞中的生物硫醇。

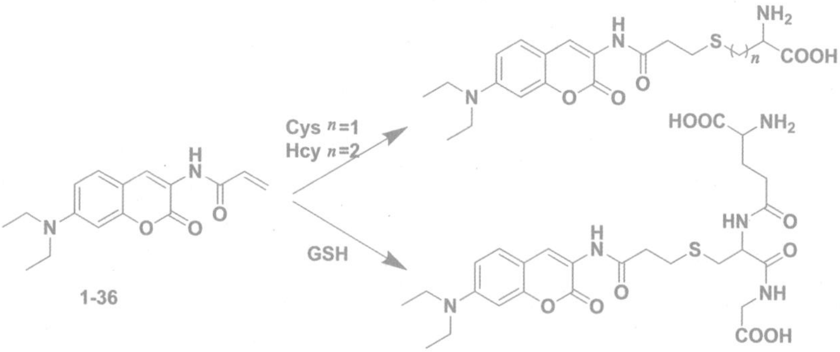

图 1.23 探针 1-36 与硫醇的作用机理图

Figure 1.23 The reaction mechanisms of fluorescent probe 1-36 with thiols

色烯分子具有优良的光谱性质，山西大学阴彩霞教授课题组在硫醇荧光探针的开发研究中创新性地发现硫醇－色烯"点击"开环特征反应,并将色烯化合物首次应用于硫醇的识别检测,制备了一系列对硫醇具有高选择性和高灵敏度的色烯分子硫醇荧光探针。色烯分子一般是由邻羟基芳醛与 α，β-不饱和醛、酮、腈和酯酰胺等底物,在碱催化条件下,经过 Baylis-Hillman 反应及分子内 Michael 加成反应生成相应的色烯分子,可作为潜在硫醇探针。如图 1.24 所示,探针分子 1-37[40] 在 EtOH-HEPES（10 mmol/L, pH=7.0, 1∶99, V/V）缓冲溶液中几乎为无色,当加入硫醇后,溶液颜色迅速变为黄色,进一步的光谱研究表明,随着 Cys 浓度的增加,探针在 292 nm 处的吸收峰逐渐降低,而在 405 nm 处出现新的吸收峰（红移约 113 nm）,并且反应可在 10 s 内达到平衡。通过核磁滴定实验,确定了硫醇与色烯分子亲核加成反应机理,并定义为硫醇－色烯"点击"开环反应。在进一步研究中,该课题组报道了类似的探针 1-38[41],可与硫醇发生特异性反应进行识别,探针对 Cys 的线性响应浓度范围为 0.3 ~ 3.9 μmol/L。当在探针与硫醇的反应液中加入 Hg^{2+} 后,显示出光学性质的可逆变化,并可以数次有效循环,表明该探针是一个可再生的、能同时检测硫醇和汞离子的探针。

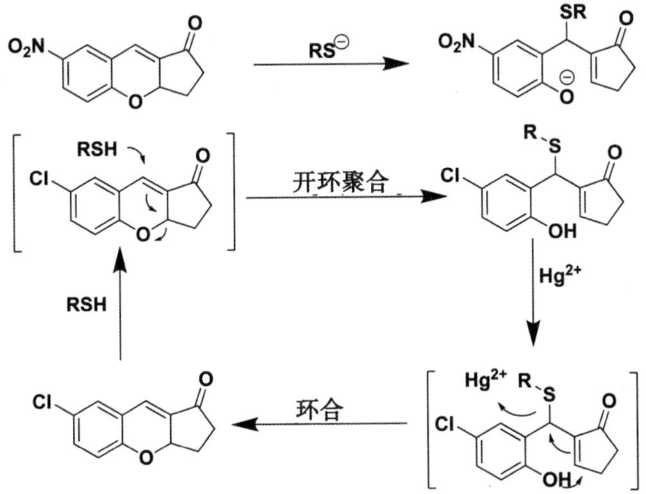

图 1.24 探针 1-37 和 1-38 与硫醇的作用机理图

Figure 1.24 The reaction mechanisms of fluorescent probes 1-37 and 1-38 with thiols

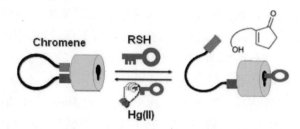

图 1.24 探针 1-37 和 1-38 与硫醇的作用机理图（续）

Figure 1.24 The reaction mechanisms of fluorescent probes 1-37 and 1-38 with thiols

为了得到荧光性质更好、选择性更高的色烯分子，阴彩霞教授课题组在之前工作的基础上相继报道了探针 1-39[42] 和 1-40[43]（图 1.25）。探针 1-39 对 Cys、Hcy 和 GSH 表现出很好的选择性，检出限分别为 0.18 μmol/L、0.82 μmol/L 和 0.70 μmol/L，且被应用于血浆中硫醇含量的检测和内源性生物硫醇的成像标记。在 DMSO-HEPES（10 mmol/L，pH=7.4，1∶1，V/V）缓冲溶液中，探针 1-40 对 Cys 显示出很好的特异性识别，而 Hcy、GSH 及其他氨基酸对检测几乎不产生干扰，并且对 Cys 的检出限低至 64 nmol/L。

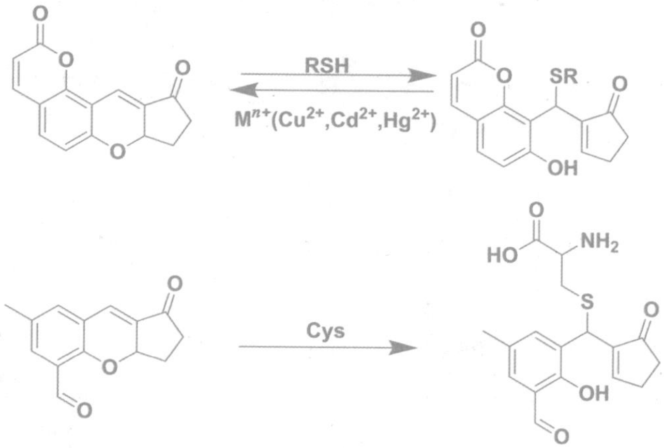

图 1.25 探针 1-39 和 1-40 与硫醇的作用机理图

Figure 1.25 The reaction mechanisms of fluorescent probes 1-39 and 1-40 with thiols

Yoon 教授课题组报道了一种基于荧光素–色烯分子的硫醇荧光探针 1-41[44]（图 1.26）。在 CH$_3$CN-HEPES（20 mmol/L， pH=7.4，1∶99，V/V）缓冲溶液中，硫醇的加入使得体系荧光显著增强，UV-Vis 光谱同时也发生变化，这是因为硫醇中的巯基加成到探针分子的 α，β-不饱和酮位点，从而引起了光谱性质发生改变。探针对硫醇具有高灵敏度和高选择性，检出限低至 $10^{-8} \sim 10^{-7}$ mol/L，并成功应用于活细胞和斑马鱼的成像实验。

图 1.26 探针 1-41 与硫醇的作用机理图

Figure 1.26 The reaction mechanisms of fluorescent probe 1-41 with thiols

Jong Seung Kim 教授课题组报道了一种可以用于检测实体瘤中硫醇含量的色烯分子 1-42[45]（图 1.27）。该探针对硫醇的识别表现出高选择性、高灵敏性和黄色荧光发射（550 nm）到蓝色荧光发射（496 nm）的比率型效果，可以有效消除来自背景自发荧光的干扰，可以用于区分癌细胞和正常细胞。小鼠移植性肿瘤成像实验表明，该探针细胞毒性低，具有潜在的肿瘤组织标记和临床疾病诊断应用价值。

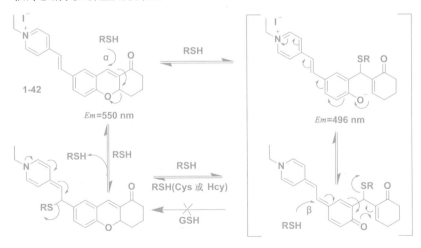

图 1.27 探针 1-42 与硫醇的作用机理图

Figure 1.27 The reaction mechanisms of fluorescent probe 1-42 with thiols

硝基烯结构单元同样具有很强的吸电子性,易与巯基发生迈克尔加成反应,也被广泛应用于硫醇荧光探针的开发设计中。山西大学郭炜教授课题组报道了一种基于香豆素为荧光团,硝基烯为识别基团的比率型硫醇荧光探针 1-43[46]（图 1.28）。在 CH_3CN-HEPES（0.1 mol/L, pH=7.4, 1∶1, V/V）缓冲溶液中,相比其他氨基酸和亲核性试剂而言,探针对三种生物硫醇表现出更高的选择性,并且成功应用于在嗜热四膜虫活细胞中标记硫醇并进行共聚焦成像研究。

图 1.28　探针 1-43 与硫醇的作用机理图

Figure 1.28 The reaction mechanisms of fluorescent probe 1-43 with thiols

陈小强教授课题组制备了带有硝基烯结构单元的荧光素硫醇荧光探针 1-44[47]（图 1.29）。在 HEPES（20 mmol/L, pH 7.4）缓冲溶液中,当加入硫醇后,体系在 497 nm 处的吸收峰增强,并伴随轻微的蓝移,同时在 520 nm 处的荧光强度显著增强。探针与 Cys 的反应表观速率常数（k_{obs}）为 2.3 min^{-1},检出限低至 0.2 μmol/L,且成功应用于 PC-12 细胞的共聚焦成像实验。另外,该课题组还研究了探针在不同溶液中的电化学发光性质及其在检测 Cys 中的应用,结果显示该探针的电化学性质使其可以在含有过硫酸钾作为共反应物的水溶液中检测 Cys,且当 Cys 浓度在 10^{-9} ~ 10^{-8} mol/L 范围时,呈现出良好的线性关系,检出限低至 $4.2×10^{-10}$ mol/L,这比荧光探针方法测出来的检出限更低,但操作也更为烦琐[48]。

兰州大学刘伟生教授课题组开发出一种硫醇荧光探针 1-45[49]（图 1.30）,可以高灵敏度、高选择性地识别 GSH,并成功应用于 Hela 细胞和 Hek-293a 细胞的荧光成像实验,表明探针 1-45 具有良好的细胞膜通透性和生物相容性。相似的,河南大学周艳梅教授课题组以咔唑为母体荧光团设计出对硫醇特异性识别的探针 1-46[50]。

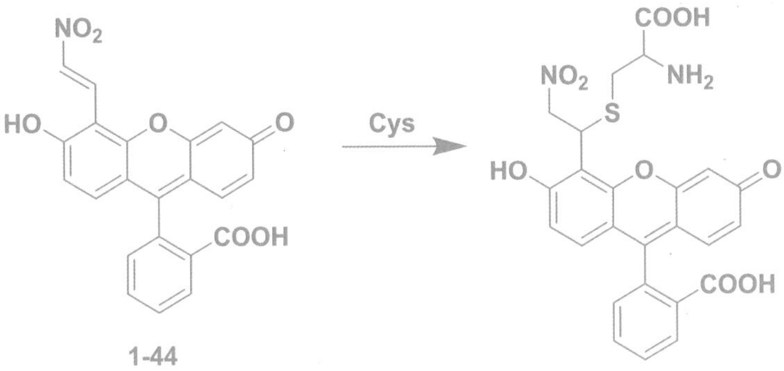

图 1.29　探针 1-44 与 Cys 的作用机理图

Figure 1.29 The reaction mechanisms of fluorescent probe 1-44 with Cys

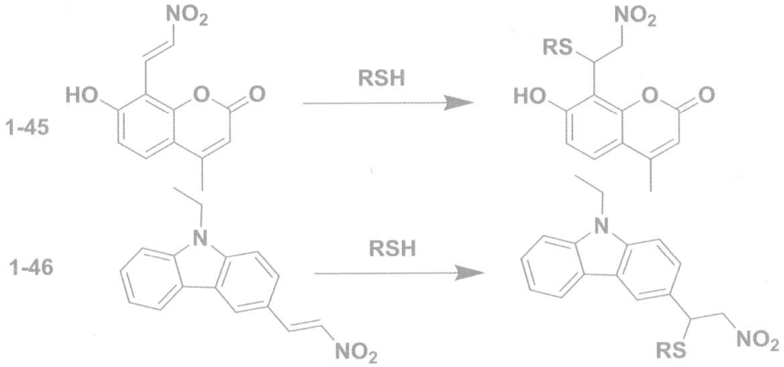

图 1.30　探针 1-45 和 1-46 与硫醇的作用机理图

Figure 1.30 The reaction mechanisms of fluorescent probes 1-45 and 1-46 with thiols

土耳其毕尔肯大学 Akkaya 教授课题组利用硝基烯结构单元能与硫醇发生迈克尔加成反应的机理报道了水溶性好、灵敏度高且反应快速的荧光探针 1-47[51]。进一步研究中,通过利用分子内氢键和硝基烯结构单元的复合作用,设计合成了一种 GSH 特异性荧光探针 1-48[52](图 1.31)。该探针包含有作为硫醇反应位点的硝基烯部分和用于识别 GSH 的超分子位点 N-苯杂氮冠醚,在 pH 6.0(肿瘤组织的典型 pH 值)的缓冲溶液中,GSH 中的氨基可以与超分子位点 N-苯杂氮冠醚产生相互作用,导致加入 GSH 比加入等量的 Cys 或 Hcy 产生更强的荧光发射信号,达到特异性识别的效果,并成功应用于乳腺癌细胞中 GSH 的检测。

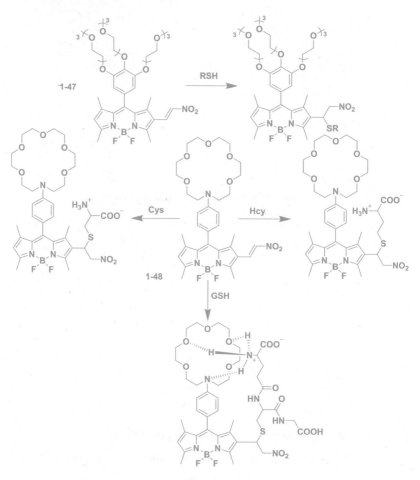

图 1.31 探针 1-47 和 1-48 与硫醇的作用机理图

igure 1.31 The reaction mechanisms of fluorescent probes 1-47 and 1-48 with thiols

其他一些不饱和双键也易与硫醇中的巯基发生迈克尔加成反应,达到识别硫醇的目的。中国科学院化学研究所张德清所长及其同事设计合成出两个以不饱和酮为识别位点的硫醇探针 1-49[53] 和 1-50[54](图 1.32)。基于分子内电荷转移机制(ICT),当加入硫醇后,巯基与不饱和酮发生特异性迈克尔加成反应,从而可以高选择性地进行识别。当在探针 1-50 的水溶液中加入 Zn^{2+} 和 Co^{2+} 后,紫外吸收光谱发生明显变化,表明该探针可用作硫醇和 Zn^{2+}/ Co^{2+} 的双功能探针。

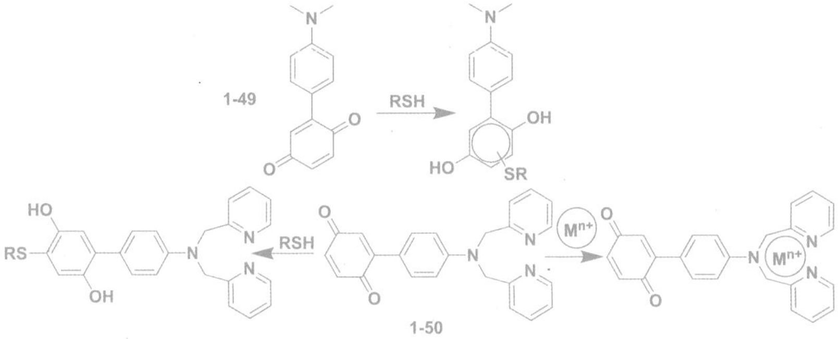

图 1.32 探针 1-49 和 1-50 与硫醇的作用机理图

Figure 1.32 The reaction mechanisms of fluorescent probes 1-49 and 1-50 with thiols

林伟英教授课题组基于分子内电荷转移（ICT）以及硫醇可与 α，β-不饱和酮发生迈克尔加成反应的机理，设计合成了硫醇荧光探针 1-51[55]（图 1.33）。在 CH$_3$CN-PBS（25 mmol/L，pH=7.4，1∶99，V/V）缓冲溶液中，探针本身因 ICT 导致荧光发射较低，当加入 Cys 后，荧光发射强度在小于 10 min 内基本达到最大值，增强约 211 倍，且检出限低至 0.925 μmol/L，成功应用于检测新生牛血清和成人尿液样品中的硫醇含量。由于空间位阻效应，三种硫醇反应活性顺序依次为 Cys>Hcy>GSH。

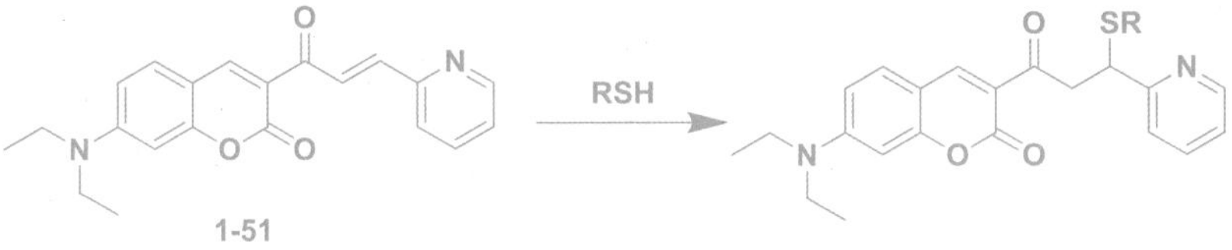

图 1.33 探针 1-51 与硫醇的作用机理图

Figure 1.33 The reaction mechanisms of fluorescent probe 1-51 with thiols

南开大学席真教授课题组报道的硫醇荧光探针 1-52[56]（图 1.34），由于分子内存在 PET 荧光猝灭而显示非常弱的荧光，当加入硫醇如 Cys、GSH 和 ME（巯基乙醇）后，荧光强度显著增强。在探针的 Tris-HCl（50 mmol/L，pH=7.4）缓冲溶液中，加入 0.2 当量的 Cys，反应可在 1 min 内达到平衡，得到的检出限低至 0.5 nmol/L。通过 SDS-PAGE 电泳技术可以观察到，探针可以与极低浓度的含硫醇蛋白质反应，成功应用于标记仅孵育 5 min 且含量极低（50 ng）的牛血清白蛋白（BSA）。此外，将人类胚胎肾细胞（HEK-293）与探针孵育 5 min，可在细胞内观察到较强的荧光。

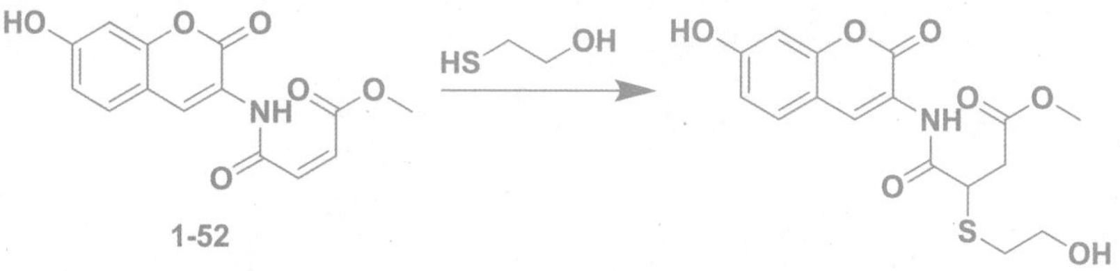

图 1.34　探针 1-52 与硫醇的作用机理图

Figure 1.34 The reaction mechanisms of fluorescent probe 1-52 with thiols

韩国外国语大学 Hae-Jo Kim 教授课题组报道了含有不饱和丙二腈结构单元的硫醇荧光探针 1-53[57]（图 1.35），硫醇中的巯基可与探针分子中的 α，β-不饱和丙二腈单元进行迈克尔加成反应，荧光性质改变以达到识别的目的。之后该课题组又进一步合成出探针 1-54 和 1-55[58]，通过研究分子内氢键对迈克尔加成反应的活化促进作用，筛选出对硫醇响应更快更好的探针分子，并通过开展响应时间研究发现，探针 1-54 与硫醇可在 1 h 内反应达到平衡，而未形成分子内氢键作用的 1-55 与硫醇反应非常缓慢，表明分子内氢键可以有效促进迈克尔加成反应速率。

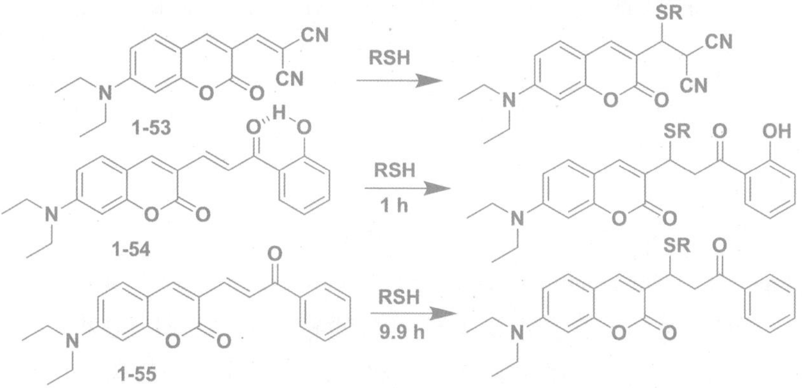

图 1.35　探针 1-53、1-54 和 1-55 与硫醇的作用机理图

Figure 1.35 The reaction mechanisms of fluorescent probes 1-53, 1-54 and 1-55 with thiols

香港科技大学唐本忠教授课题组基于四苯乙烯的聚集诱导发光效应（AIE）报道了一种可以特异性识别 GSH 的荧光探针

1-56[59]（图 1.36），具有高灵敏度和高选择性，Cys、Hcy 及其他氨基酸等对识别过程几乎不产生干扰，在生物成像和临床实验中具有潜在的应用前景。

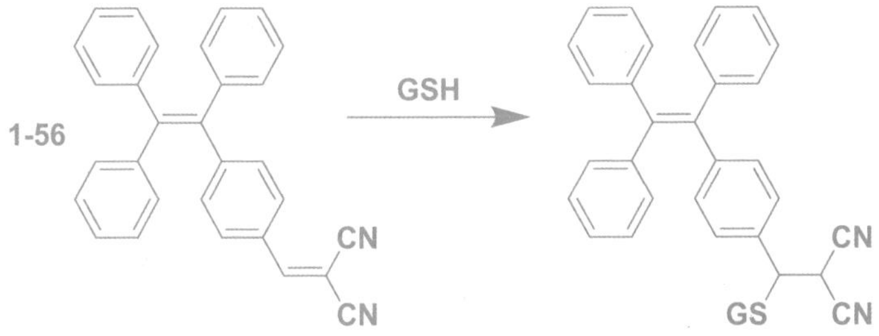

图 1.36 探针 1-56 与 GSH 的作用机理图

Figure 1.36 The reaction mechanisms of fluorescent probe 1-56 with GSH

韩国科学院院士 Jong Seung Kim 教授课题组报道了一系列含不饱和双键的硫醇荧光探针（图 1.37），均是基于硫醇中的巯基可与 α，β-不饱和酮进行迈克尔加成机理。在 DMSO-PBS（10 mmol/L，pH=7.4，9:1，V/V）缓冲溶液中，探针 1-57[60] 与 Cys 的反应速率比与 Hcy 和 GSH 的反应速度分别快 13 倍和 21 倍，对 Cys 表现出更高的选择性，检出限低至 30 nmol/L，并通过密度泛函理论计算证实该探针对 Cys 有更好的响应。之后该课题组在进一步的研究中报道了两个相似类型的对 Cys 选择性更好的硫醇荧光探针 1-58[61] 和 1-59[62]，均成功应用于 HepG2 活细胞的荧光共聚焦成像实验。

贝勒医学院的 Jin Wang 教授课题组第一个报道了基于可逆反应来监测单细胞中 GSH 浓度变化的硫醇荧光探针 1-60[63]（图 1.38），通过密度泛函理论计算和实验相结合的方法，研究硫醇-迈克尔加成反应的热力学和动力学，并应用于细胞中 GSH 的可逆性荧光成像实验。该实验模型可以比较精准地预测硫醇-迈克尔加成反应中的吉布斯自由能变化，且与理论值误差小于 1 kcal·mol^{-1}。

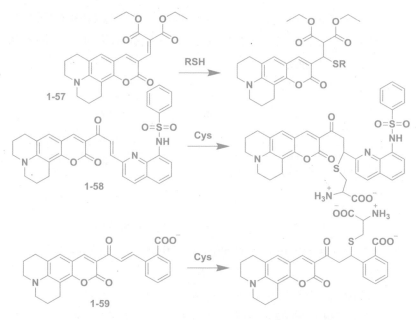

图 1.37 探针 1-57、1-58 和 1-59 与硫醇的作用机理图

Figure 1.37 The reaction mechanisms of fluorescent probes 1-57, 1-58 and 1-59 with thiols

图 1.38 探针 1-60 与 GSH 的作用机理图

Figure 1.38 The reaction mechanisms of fluorescent probe 1-60 with GSH

日本东京大学 Yasuteru Urano 教授课题组报道了一个基于 FRET 机理，可用于在各类细胞中实时监测 GSH 浓度变化的荧光探针 1-61[64]（图 1.39），该探针是一个革命性的探针工具，具有可逆、实时和高效性，通过测量各类细胞中的 GSH 水平以及在活细胞中监测 GSH 的二级动力学，首次证明了荧光探针可以用于定量检测细胞内 GSH 的浓度，进而研究 GSH 对生理环境的动态调节作用。

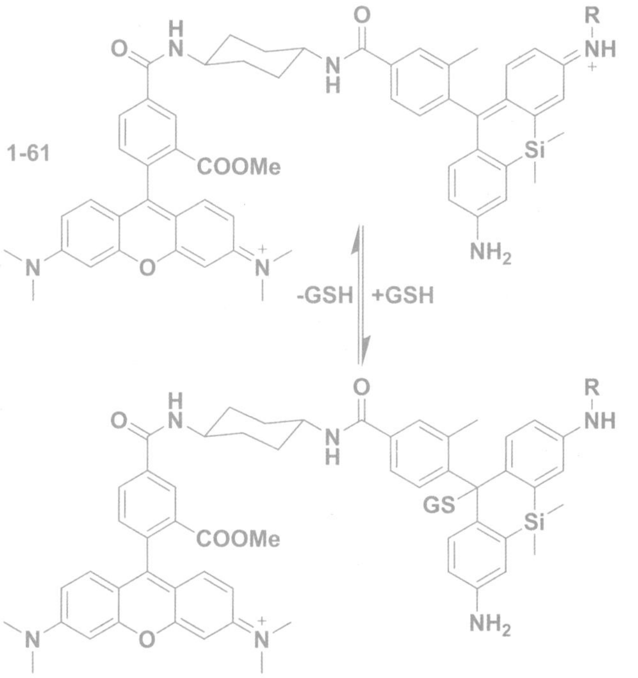

图 1.39　探针 1-61 与 GSH 的作用机理图

Figure 1.39 The reaction mechanisms of fluorescent probe 1-61 with GSH

1.4.2 醛基的环化

醛基是一种非常活泼的化学基团,可以与 Cys 和 Hcy 发生环化反应,生成相应的噻唑烷和噻嗪烷,常被应用于标记固定肽和蛋白质。利用醛基和硫醇的环化反应来构建荧光探针已被广泛研究,由于醛基与 GSH 无法成环,因此这已经成为区分 GSH 与其他两种生物硫醇最常用的方法。

最早的基于醛基环化机理识别硫醇的报道是美国路易斯安那州立大学 Robert 教授课题组报道的探针 1-62[65] 和 1-63[66-67],可用于选择性识别 Cys 和 Hcy,而 GSH 和其他氨基酸对识别过程几乎无干扰。随后,美国斯克利普斯研究所 Tanaka 教授课题组基于此机理,报道了一种可以在中性条件下,利用醛基环化反应识别硫醇的荧光探针 1-64[68]。紧接着复旦大学李富友教授课题组基于醛基环化识别硫醇机理报道了一系列硫醇荧光探针

1-65、1-66[69]、1-67[70]、1-68[71] 和 1-69[72]（图 1.40）。

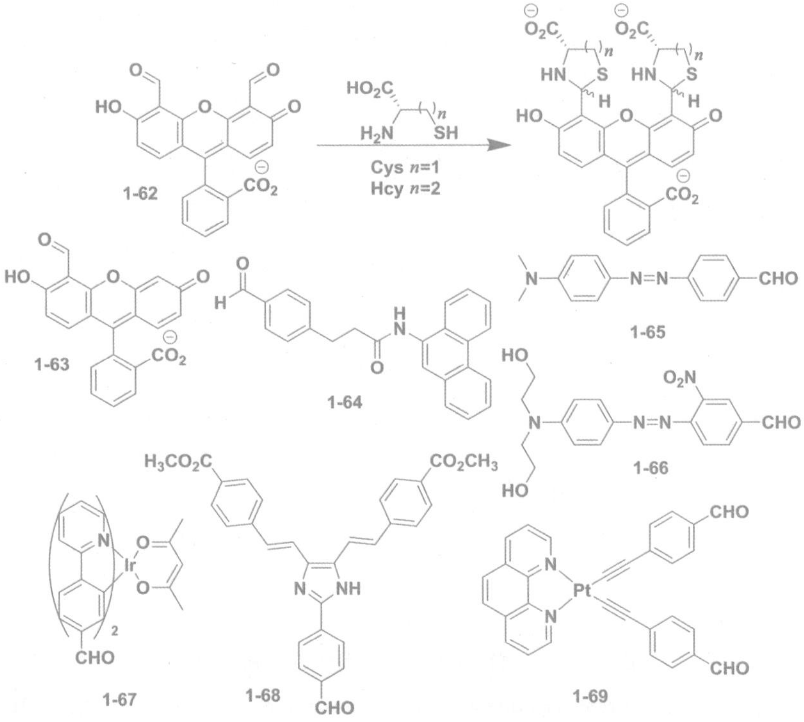

图 1.40 探针 1-62 ~ 1-69 与硫醇的作用机理图

Figure 1.40 The reaction mechanisms of fluorescent probes 1-62 ~ 1-69 with thiols

  林伟英教授课题组基于 ICT 机理，以富电子菲啶并咪唑作为荧光团和电子供体，以醛基作为识别位点和电子受体，设计合成出一种比率型硫醇荧光探针 1-70[73]（图 1.41），在探针的 DMF-HEPES（10 mmol/L，pH=7.4，1∶3，V/V）缓冲溶液中加入 Cys 或 Hcy 时，体系的荧光发射表现出非常大的蓝移（125 nm），并呈现出良好的线性关系。之后，该课题组首次报道了对 Cys 特异性识别的比率型荧光探针 1-71[74]，当加入 Cys 后，体系荧光由绿色变为蓝色，表现出约 70 nm 的荧光蓝移。动力学实验表明，探针与 Cys 的二级反应速率常数是与 Hcy 反应的 1 143 倍，是与 GSH 反应的 18 868 倍，进一步证明了探针对 Cys 的高选择性。

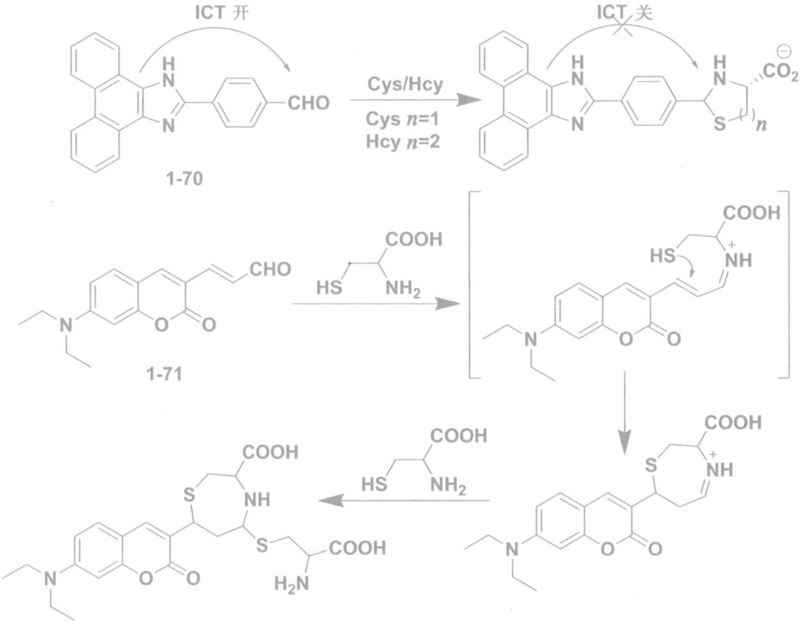

图 1.41　探针 1-70 和 1-71 与硫醇的作用机理图

Figure 1.41　The reaction mechanisms of fluorescent probes 1-70 and 1-71 with thiols

大连理工大学彭孝军教授课题组以罗丹明 6G 为母体荧光团报道了一种可以特异性识别 Cys 的硫醇荧光探针 1-72[75]（图1.42）。在 EtOH-PBS（0.1 mol/L，pH=7.0，3∶7，V/V）缓冲溶液中，探针本身发出极微弱的荧光，加入 Cys 后观察到约 20 倍的荧光增强，这是因为探针与 Cys 反应后经开环水解，生成强荧光产物，而与 Hcy 反应生成的物质没有荧光，从而体现出对 Cys 的特异性识别。该探针可被应用于 MCF 细胞和 PC12 细胞成像实验，也被应用于定量检测人类尿液样品中的 Cys 含量。

南京邮电大学黄维教授课题组报道了两个基于铱（Ⅲ）络合物为母体的硫醇荧光探针 1-73[76] 和 1-74[77]（图1.43）。探针 1-73 通过引入季铵盐，改善探针水溶性，使其能以两种不同机制进入细胞，具有良好的细胞膜通透性、细胞质染色特异性、高光稳定性及低细胞毒性等优点。以介孔二氧化硅纳米粒子为载体的纳米荧光探针 1-74 具有良好的生物相容性，在纯 PBS 缓冲液中表现出优异的分散性、快速信号响应（15 min 内）以及对 Cys/Hcy 的高选择性。这是第一个使用介孔二氧化硅纳米粒子与荧光重金属络合物相结合应用于检测活细胞中生物硫醇的报道。

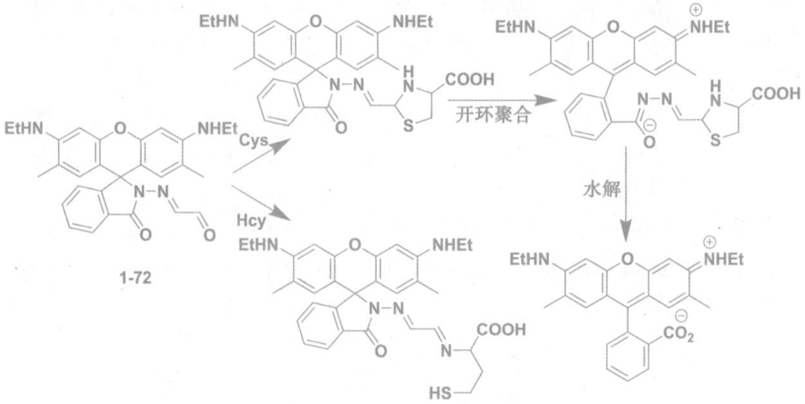

图 1.42 探针 1-72 与硫醇的作用机理图

Figure 1.42 The reaction mechanisms of fluorescent probe 1-72 with thiols

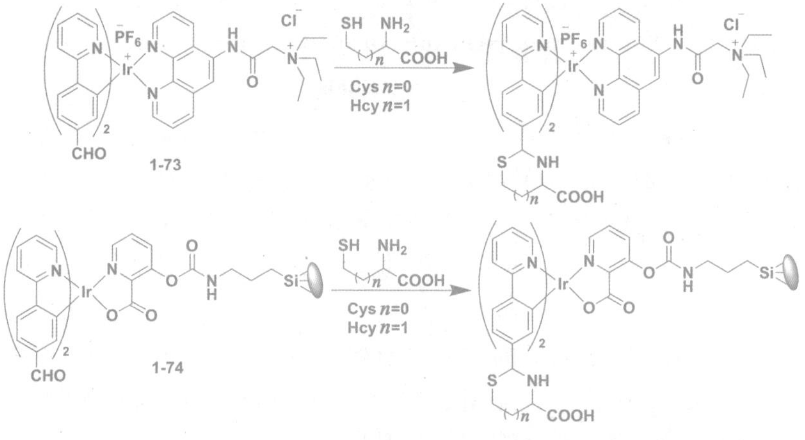

图 1.43 探针 1-73 和 1-74 与硫醇的作用机理图

Figure 1.43 The reaction mechanisms of fluorescent probes 1-73 and 1-74 with thiols

唐本忠教授课题组基于聚集诱导发光机制报道了三种可用于在生理条件下检测硫醇的荧光探针 1-75[78]、1-76 和 1-77[79]（图 1.44）。探针分子只有在聚集条件下才会有较强的荧光发射，当分散溶解于缓冲溶液中时，荧光很弱，分子中的醛基可以选择性地与Cys和Hcy反应,生成相应的噻嗪烷和噻唑烷衍生物,由于存在反应动力学上的差异,探针与Cys的反应速度远远快于和Hcy的反应,因而可以认为探针能有效区分Cys和Hcy。

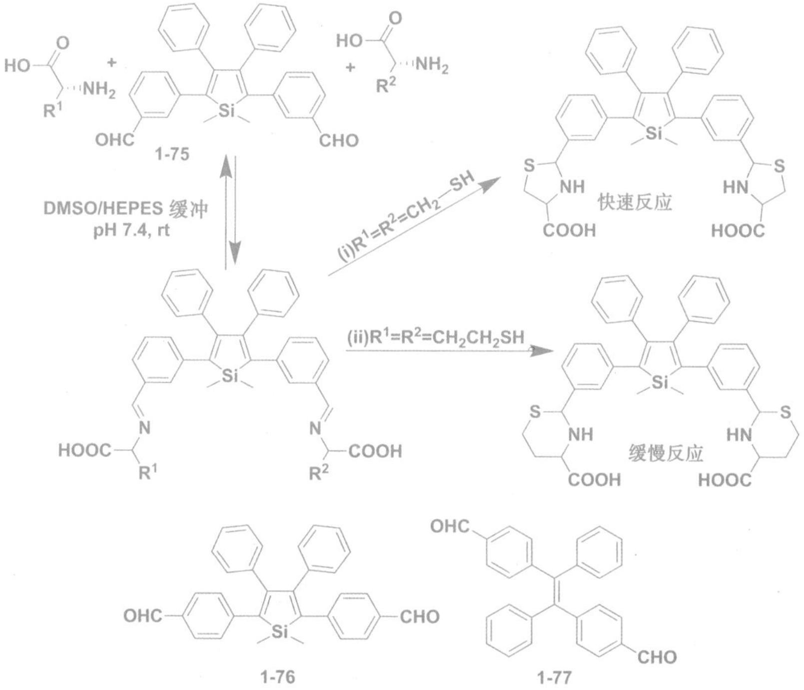

图 1.44 探针 1-75、1-76 和 1-77 与硫醇的作用机理图

Figure 1.44 The reaction mechanisms of fluorescent probes 1-75, 1-76 and 1-77 with thiols

山西大学郭炜教授课题组报道了一种基于萘二甲酰亚胺乙二醛腙衍生物的荧光探针 1-78[80]（图 1.45）,探针分子与硫醇反应后,形成分子内氢键,抑制了碳氢双键异构化诱导的荧光猝灭,从而使探针可用于选择性识别 Cys/Hcy。在 DMSO-HEPES（100 mmol/L, pH=7.4, 1∶1, V/V）缓冲溶液中,与其他氨基酸及含硫化合物相比,探针对 Cys 和 Hcy 显示出更高的选择性,荧光由暗变为绿色,并成功应用于活细胞内 Cys 和 Hcy 的成像实验。

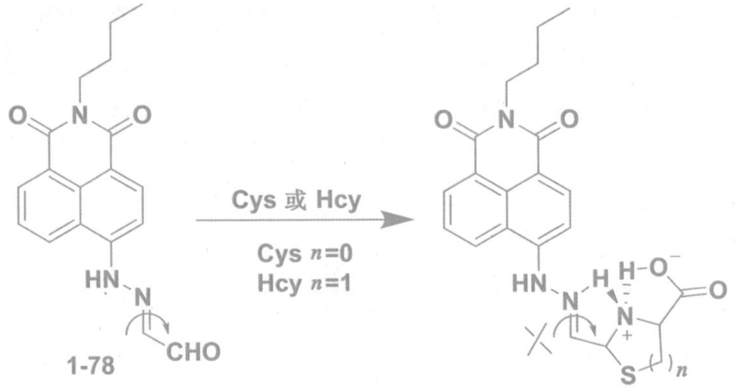

图 1.45 探针 1-78 与硫醇的作用机理图

Figure 1.45 The reaction mechanisms of fluorescent probe 1-78 with thiols

韩国梨花女子大学 Yoon 教授课题组报道了两个基于芘的新型硫醇荧光探针 1-79 和 1-80[81]（图 1.46），均表现出对 Hcy 的特异性荧光增强，这可能是由于 Hcy 与探针中的醛基反应生成噻嗪烷杂环，基于 ICT 和 PET 的芘单峰激发猝灭的结果，这两个探针均可用于选择性地标记哺乳动物细胞中的 Hcy，并通过理论计算进一步解释了探针对 Hcy 与 Cys 明显不同的荧光响应机制。

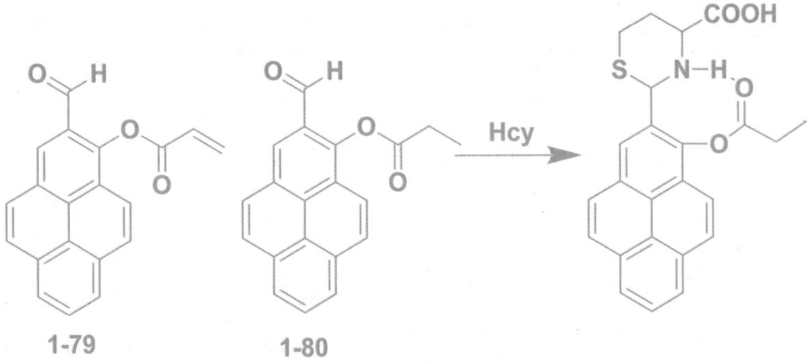

图 1.46 探针 1-79 和 1-80 与硫醇的作用机理图

Figure 1.46 The reaction mechanisms of fluorescent probes 1-79 and 1-80 with thiols

由于醛基环化识别硫醇普遍具有特异性，基于相同机理的报道还有很多，如印度 Amitava Das 教授课题组报道的探针 1-81 和 1-82[82]；江苏大学科学研究院龙凌亮研究员报道的探针 1-83[83]；韩国外国语大学 Hae-Jo Kim 教授课题组报道的探针 1-84[84] 和 1-85[85]；彭孝军教授课题组报道的探针 1-86[86]；华东理工大学钱旭红教授课题组报道的探针 1-87[87]；新加坡国立大学 Kian Ping Loh 教授课题组报道的探针 1-88[88]；山东大学于晓强教授课题组报道的探针 1-89、1-90[89] 和 1-91[90]；印度理工学院孟买校区 Mangalampalli Ravikanth 教授课题组报道的探针 1-92 和 1-93[91]，以及河南大学赵伟利教授课题组报道的探针 1-94[92]（图 1.47）等。

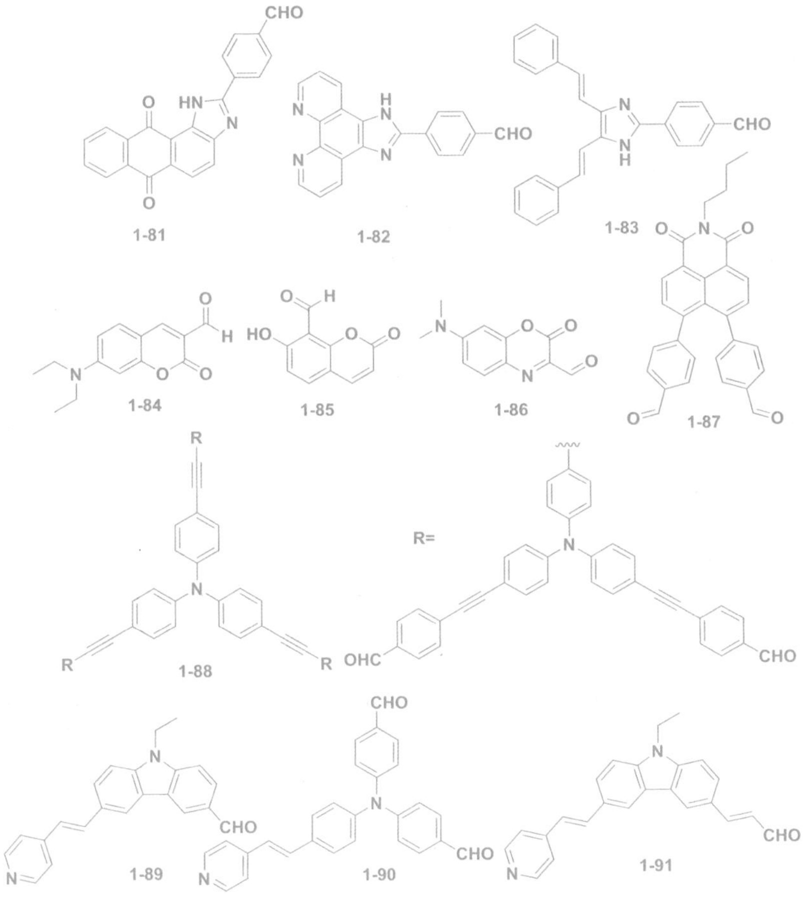

图 1.47 其他一些基于醛基环化机理的硫醇荧光探针结构图

Figure 1.47 Other structures of fluorescent probes for thiols based on cyclization with aldehydes

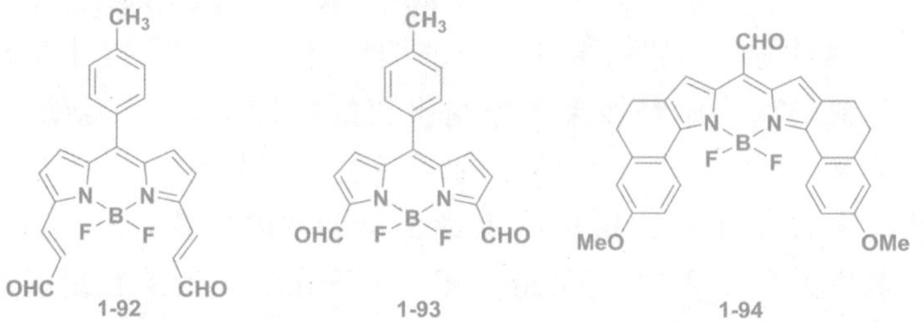

图 1.47　其他一些基于醛基环化机理的硫醇荧光探针结构图(续)

Figure 1.47 Other structures of fluorescent probes for thiols based on cyclization with aldehydes

1.4.3 磺酸酯和磺酰胺的裂解

2,4-二硝基苯磺酰基具有很强的吸电子性,与荧光团相连能有效猝灭探针分子荧光,当亲核性试剂与探针分子发生亲核取代反应后,由于硝基的活化作用,很容易离去而重新释放出荧光团,荧光通常表现为 turn-on。该机理已被广泛报道用于硫氢根离子、生物硫醇、硒醇及苯硫酚的荧光探针开发及应用中。

日本大阪大学 Maeda 教授课题组利用 2,4-二硝基苯磺酰基易与亲核性试剂发生取代反应的机理合成了两个新型硫醇荧光探针 1-95 和 1-96[93](图 1.48)。探针在 EtOH-HEPES (10 mmol/L, pH=7.4, 1∶199, V/V) 缓冲溶液中几乎无荧光,当加入 GSH 或 Cys 后观察到明显的荧光增强现象,且在 10 min 内荧光强度趋于稳定。在 pH=7.4 和 37 ℃生理条件下,这两个探针与 GSH 的反应表观速率常数 k_{obs} 分别为 1.7×10^2 L/(mol·s)和 1.4×10^2 L/(mol·s)。另外,探针 1-96 可以通过简单地改变 pH 来区分硫醇和硒醇[94]。由于硒醇的 pK_a 值远低于硫醇,从而表现出比硫醇更强的亲核性。河南大学姜新东、赵伟利教授课题组报道的近红外氮杂 BODIPY 硫醇荧光探针 1-97[95]、林伟英教授课题组报道的探针 1-98[96] 以及英国巴斯大学 Tony D. James 教授课题组报道的探针 1-99[97],都是基于相同机理的硫醇裂解磺酸酯荧光探针。

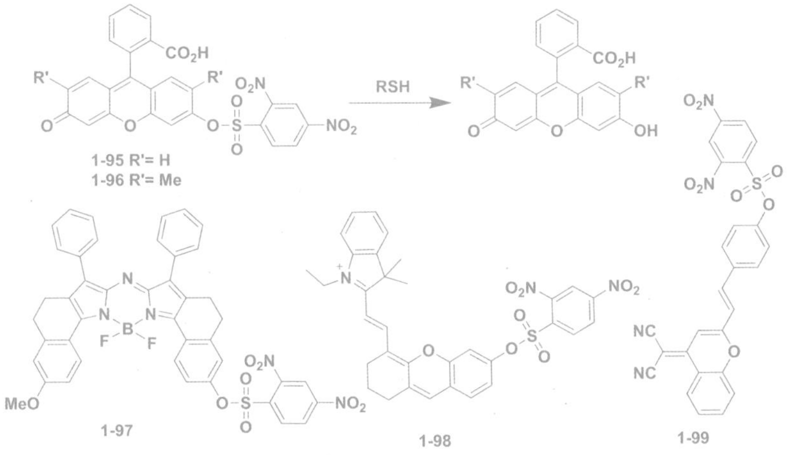

图 1.48　探针 1-95 ~ 1-99 与硫醇的作用机理图

Figure 1.48 The reaction mechanisms of fluorescent probes 1-95 ~ 1-99 with thiols

美国新墨西哥大学王卫教授课题组报道了基于 7-硝基-2,1,3-苯并氧杂噁二唑（NBD）的磺酰胺类荧光探针 1-100[98]（图 1.49）。在 PBS（10 mmol/L，pH=7.3）缓冲溶液中，探针本身几乎无荧光，当加入苯硫酚时，观察到荧光强度显著增强（大于 50 倍）。相比生物硫醇而言，探针对苯硫酚显示出更高的选择性，这是由于苯硫酚的 pK_a 值约为 6.5，而生物硫醇的 pK_a 值约为 8.5，在中性条件（如 pH=7.3）下，苯硫酚电离程度更高，表现出更强的亲核性。基于相似的机理，美国麻省理工学院 Hilderbrand 教授课题组和日本 Hiroshi Abe 教授课题组相继报道了可用于在生理条件下检测生物硫醇的磺酰胺类荧光探针 1-101[99] 和 1-102[100]。大连理工大学赵建章教授课题组系统地将理论化学计算应用于荧光探针的开发研究中，预测并解释探针识别硫醇的荧光变化，先后报道了两个磺酰胺类硫醇荧光探针 1-103[101] 和 1-104[102]。

1.4.4 硒-氮键的裂解

依布硒啉（2-苯基苯并异硒唑-3-酮）是一种谷胱甘肽过氧化物酶类似物，能够有效清除脂质过氧自由基，保护 DNA 免受损伤。唐波教授课题组受其结构及功能的启发，将硒—氮键引入荧光探针的开发设计中，报道了以罗丹明 6G 为荧光团，含有 Se—N 键的硫醇荧光探针 1-105[103]（图 1.50）。由于巯基具有强亲核性，当探针与硫醇反应时，能特异性地裂解 Se—N 键，进而恢复罗丹明 6G 的强荧光结构，达到识别硫醇的目的。实验证明，该探针具有选择性好、灵敏度高和良好的细胞膜通透性等优点，对 GSH 的检出限低至 1.4 nmol/L，并成功应用于 HL-7702 和 HepG2 细胞成像实验。之后，该课题组又先后报道了基于相同机理的硫醇荧光探针 1-106[104] 和 1-107[105]。北京理工大学张小玲教授课题组报道的探针 1-108[106] 和中国科学院烟台海岸带研究所陈令新研究员课题组报道的探针 1-109 和 1-110[107]，也是基于相同的机理识别硫醇。

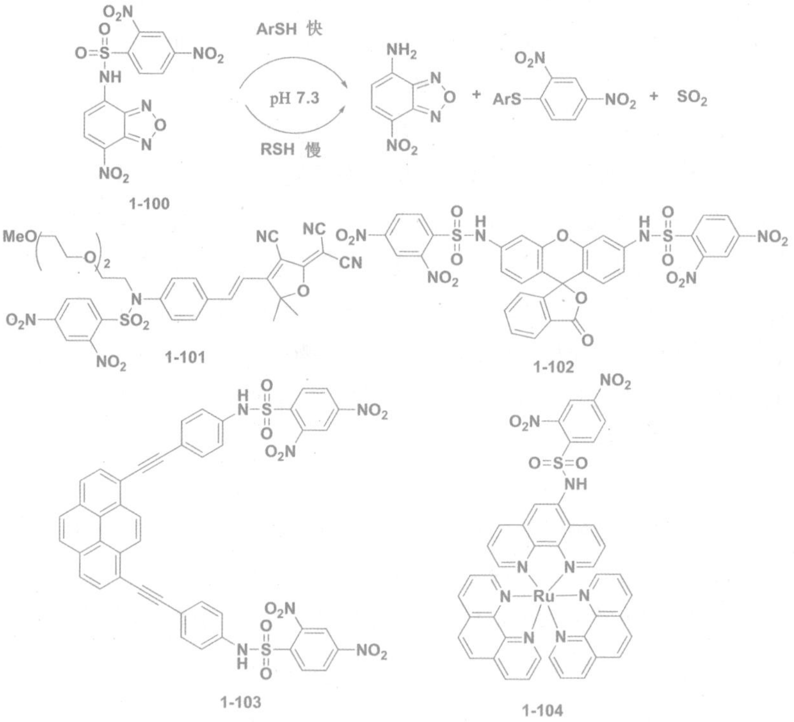

图 1.49 探针 1-100 ~ 1-104 与硫醇的作用机理图

Figure 1.49 The reaction mechanisms of fluorescent probes 1-100 ~ 1-104 with thiols

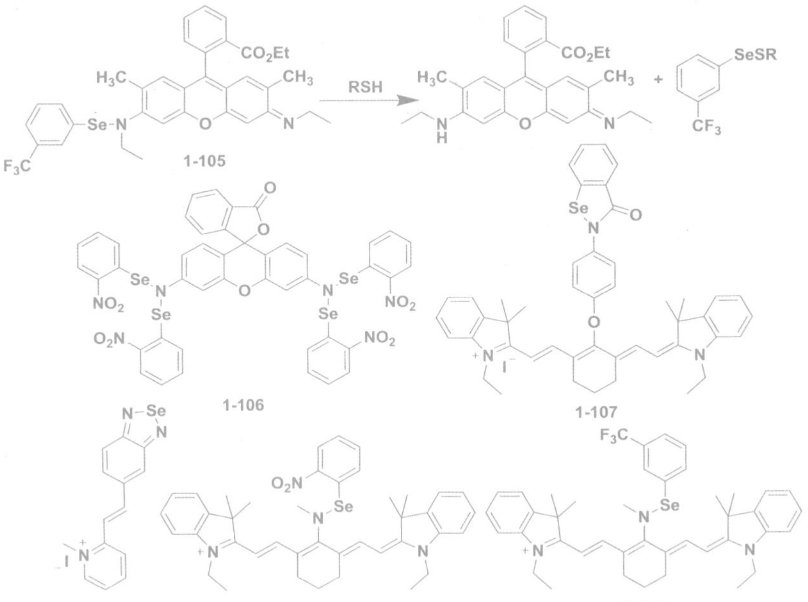

图 1.50 探针 1-105 ~ 1-110 与硫醇的作用机理图

Figure 1.50 The reaction mechanisms of fluorescent probes 1-105 ~ 1-110 with thiols

1.4.5 二硫键的裂解

美国普渡大学 Jean Chmielewski 教授课题组报道了具有二硫化物单元的新型罗丹明衍生物荧光探针 1-111[108]（图 1.51），可在 HeLa 细胞内检测 GSH 浓度的变化。硫醇的亲核进攻导致探针分子内的二硫键断裂，促进了亲核性的巯基诱导相邻氨基甲酸酯键的裂解成环以及消去反应，从而表现出罗丹明的荧光。美国马凯特大学 Daniel S. Sem 教授课题组报道的探针 1-112[109] 和 1-113[110]、北京理工大学张小玲教授课题组报道的探针 1-114[111]、韩国高丽大学 Cho Bong Rae 教授课题组报道的探针 1-115[112] 和 1-116[113]，以及韩国 Jong Seung Kim 教授课题组报道的荧光探针 1-117[114]，均是基于相同的机理识别硫醇。

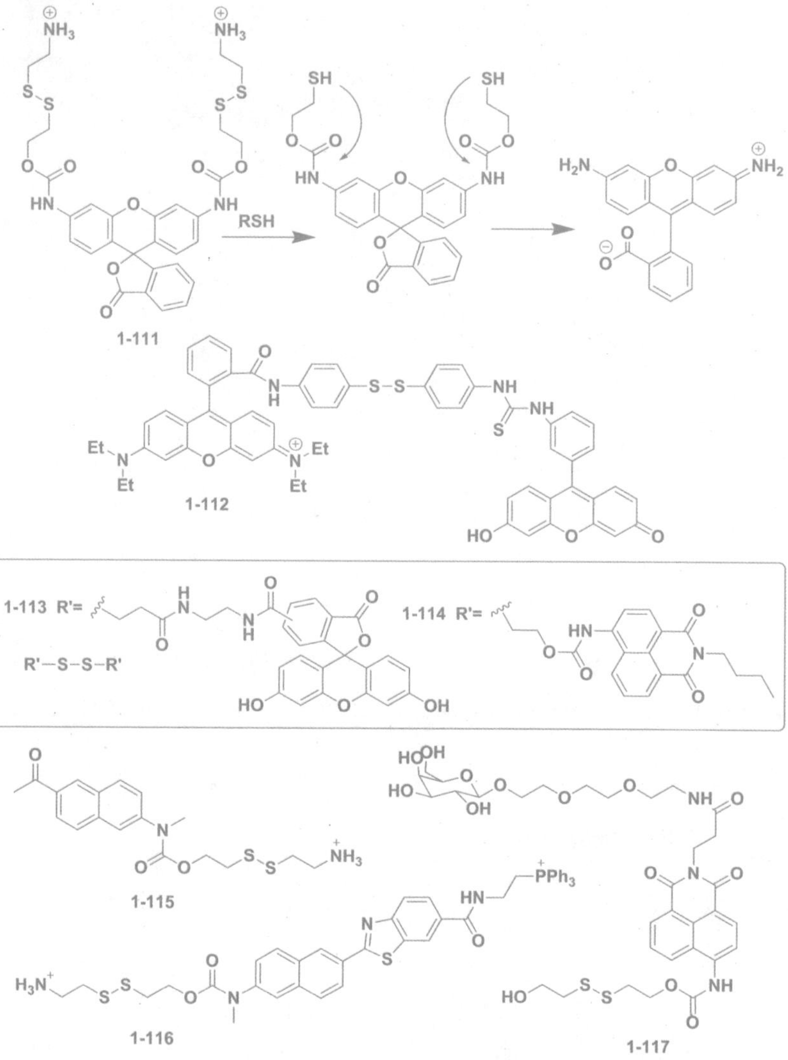

图 1.51　探针 1-111 ~ 1-117 与硫醇的作用机理图

Figure 1.51 The reaction mechanisms of fluorescent probes 1-111 ~ 1-117 with thiols

1.4.6 金属络合物的氧化还原和配体置换

金属络合物可与硫醇发生氧化还原反应或配体置换反应，利用该机理开发硫醇荧光探针的研究由来已久。早在 2001 年，武汉大学张华山教授课题组就报道了基于 Cys 对 Cd（Ⅱ）-8-羟基喹啉-5-磺酸络合物的荧光抑制作用来检测 Cys 含量[115]。中科院马会民教授课题组报道了一种更为简便灵敏的方法,使用 Ce(Ⅳ)-奎宁络合物对人血清中 Cys 含量及兔子血液样品中 GSH 含量进行测定,得到的结果与氨基酸自动分析仪测出的结果基本一致[116-117]。之后,伊朗伊斯法罕理工大学 Rezaei 教授课题组进一步改进了此方法,用 Ru(phen)$_3^{2+}$ 代替奎宁,使其成功应用于实际样品中 Cys 的流动性检测[118]。

香港城市大学 Lam 教授课题组报道了一种双金属氰基桥联的 Ru(Ⅱ)/Pt(Ⅱ)络合物 1-118[119](图 1.52),其中一个金属中心作为功能特异性结合位点桥接到负责信号转导的另一个金属中心,用以识别硫醇。韩国浦项科技大学 Dong H. Kim 教授课题组报道了一种新型镉络合物 1-119[120],可在 HEPES(10 mmol/L,pH=7.0)缓冲液中检测硫醇,并对 Cys 显示出很好的特异性识别性质。

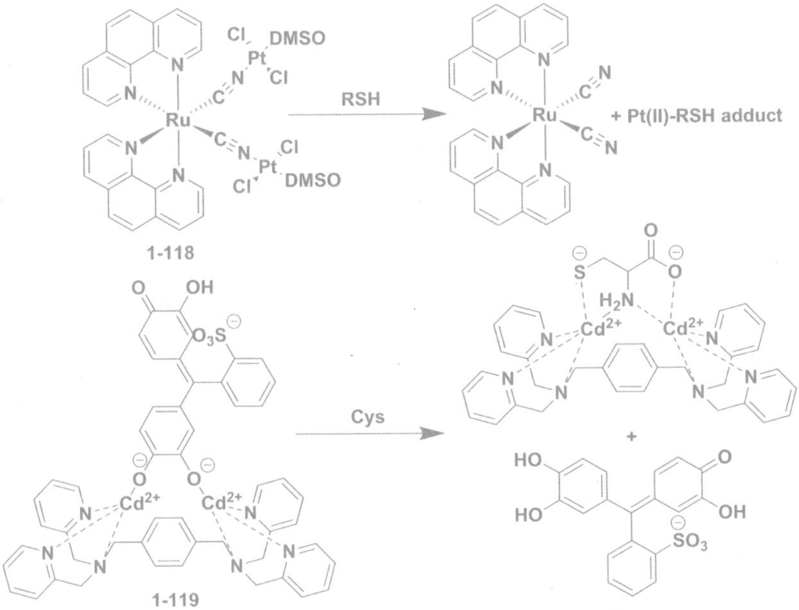

图 1.52 探针 1-118 和 1-119 与硫醇的作用机理图

Figure 1.52 The reaction mechanisms of fluorescent probes 1-118 and 1-119 with thiols

韩国高丽大学 Jong Seung Kim 教授课题组报道了一种基

于亚氨基香豆素-Cu(Ⅱ)络合物的硫醇荧光探针 1-120[121]（图 1.53），可在 pH=7.4 的水溶液中特异性识别硫醇，观察到明显的 off-on 荧光变化，并成功应用于 HepG2 细胞的共聚焦成像实验。荧光变化的原因在于硫醇的加入诱导铜离子的去络合反应，生成的席夫碱化合物进而水解，得到的香豆素醛具有很强的荧光。类似的，中科院李洪祥研究员课题组报道的探针 1-121[122]、杨小峰教授课题组报道的探针 1-122[123]，以及陈小强教授课题组报道的探针 1-123[124]，均是探针分子先与铜离子络合导致荧光猝灭，进而加入硫醇去络合，从而达到识别硫醇的目的。

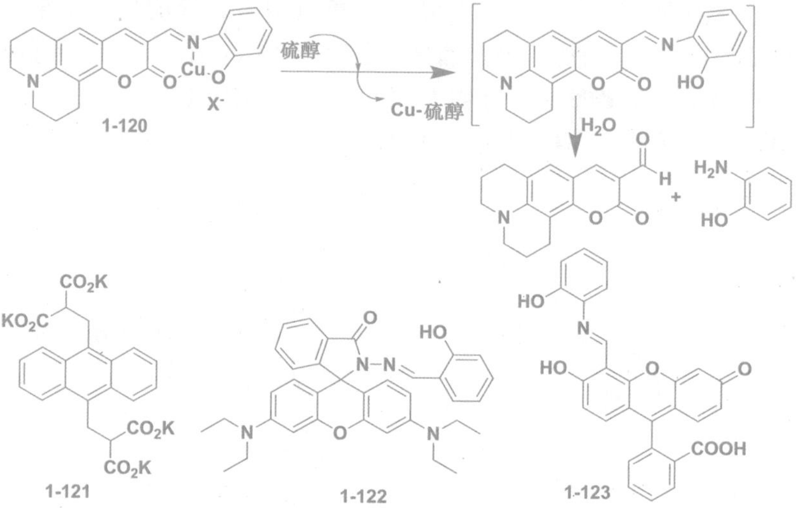

图 1.53 探针 1-120 ~ 1-123 与硫醇的作用机理图

Figure 1.53 The reaction mechanisms of fluorescent probes 1-120 ~ 1-123 with thiols

其他金属离子络合物也常被应用于硫醇荧光探针的开发。厦门大学江云宝教授课题组发现 Hg^{2+} 能特异性地诱导苝双酰亚胺在"胸腺嘧啶-Hg^{2+}-胸腺嘧啶"结合基序列中的聚集，所得的络合物显示出对 Cys 的高选择性识别，检出限低至 9.6 nmol/L[125]。长春应用化学研究所任劲松研究员课题组[126]、华东理工大学钟新华教授课题组[127]和韩国忠南大学 Taek Seung Lee 教授课题组[128]在汞离子络合物识别硫醇方面也有相关报道。韩国延世大学 Young-Keun Yang 教授课题组利用 2-脱氧核糖的罗丹明腙胺金离子络合物选择性地检测水溶液中的 Cys 和 Hcy[129]。中国科技大学白如科教授课题组第一个利用银离子络合物选择性检测 Cys,且检出限低至纳摩尔级别[130]。

1.4.7 取代重排机理

硫醇具有很强的亲核性,易发生亲核取代反应,当取代所生成的化合物不稳定时,会发生分子内重排,进而引起光学性质的变化。基于这个机理,一系列硫醇荧光探针被报道出来。

早在 2007 年,复旦大学李富友教授课题组报道了一个双光子硫醇荧光探针 1-124[131](图 1.54),可在 CH_3OH-HEPES(pH=7.0,7:3,V/V)缓冲溶液中对 Cys 和 Hcy 进行特异性识别,并成功应用于多种细胞成像实验,这为之后的科研工作者们提供了一条研究硫醇荧光探针的新思路。需要补充的是,2014 年,美国南卡罗来纳大学王倩教授课题组与钱旭红教授课题组共同合作,用一系列实验数据表明探针 1-124 本身结构不稳定,可能会发生分子内重排而生成化合物 1-125[132]。日本东京大学 Nagano 教授课题组基于取代机理,第一个报道了可用于 GST(谷胱甘肽 S-转移酶)催化条件下与 GSH 发生取代脱硝反应的 off-on 型荧光探针 1-126[133],荧光强度增强约 34 倍,并成功应用于 HuCCT1 细胞成像实验。

济南大学朱宝存老师课题组将荧光素和氯乙酰氯反应,合成了探针 1-127[134](图 1.55),可与硫醇发生亲核取代反应,经分子内重排,重新释放出荧光团,达到识别的效果。该探针可以定量检测 Cys 和 Hcy,检出限分别为 4 μmol/L 和 7 μmol/L,反应机理经 ESI-MS 和荧光光谱分析证实。韩国 Hae-Jo Kim 教授课题组报道的探针 1-128[135]、Churchill 教授课题组报道的探针 1-129[136] 和 1-130[137],均是基于相似的机理对硫醇进行识别。

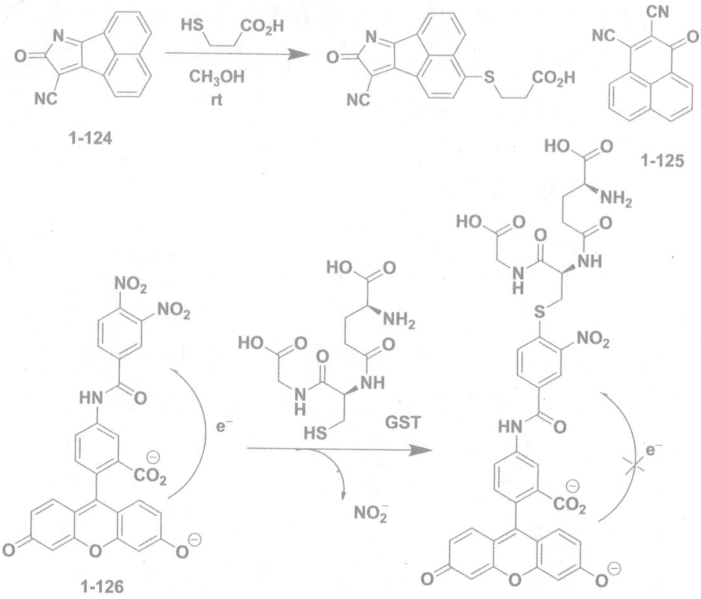

图 1.54 探针 1-124 和 1-125 与硫醇的作用机理图

Figure 1.54 The reaction mechanisms of fluorescent probes 1-124 and 1-125 with thiols

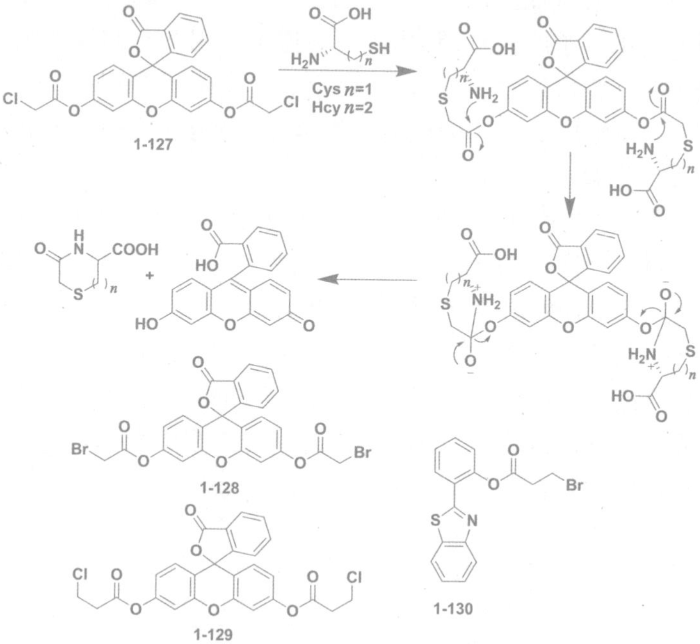

图 1.55 探针 1-127 ~ 1-130 与硫醇的作用机理图

Figure 1.55 The reaction mechanisms of fluorescent probes 1-127 ~ 1-130 with thiols

华东理工大学张维冰教授课题组报道了基于取代重排机理的、对 Cys 具有高选择性的硫醇荧光探针 1-131[138]（图 1.56），对 Cys 的检出限低至 0.3 μmol/L。硫醇的亲核作用使得硝基被取代，生成具有蓝色荧光的硫醚化合物，进而发生分子内重排，氨基进行第二次分子内取代，得到绿色荧光的氨基取代衍生物。之后该课题组又报道了三种基于相同机理的硫醇荧光探针 1-132、1-133 和 1-134[139]。

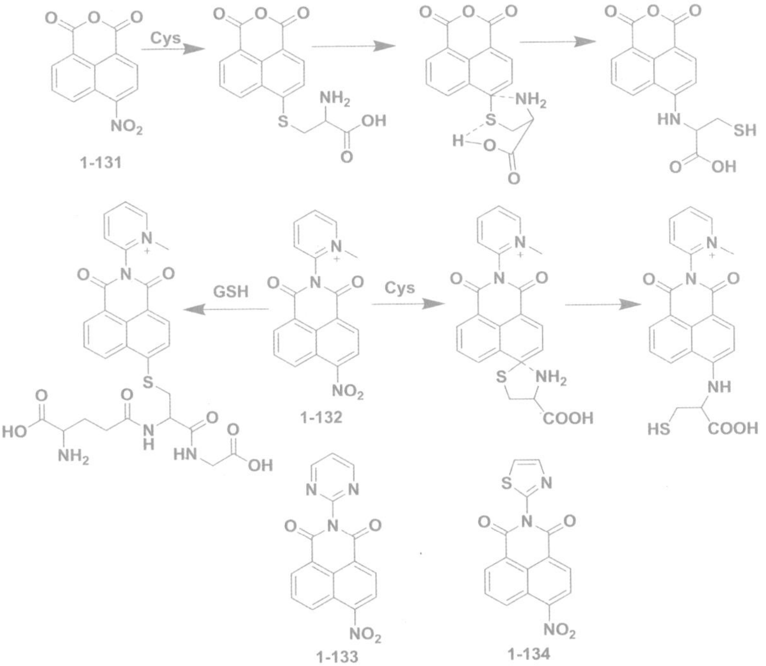

1-131
1-132
1-133
1-134

图 1.56 探针 1-131 ~ 1-134 与硫醇的作用机理图

Figure 1.56 The reaction mechanisms of fluorescent probes 1-131 ~ 1-134 with thiols

杨清正教授课题组报道了一类单取代 BODIPY 衍生物 1-135[140]（图 1.57），用于特异性检测 GSH。单取代 BODIPY 分子中的氯可以通过硫醇 - 卤素亲核取代反应快速地被生物硫醇中的巯基取代，之后 Cys 和 Hcy 的氨基可以进一步取代重排形成氨基取代的 BODIPY，而 GSH 的氨基无法二次取代。硫和氨基取代的 BODIPY 具有显著不同的光物理性质，表现出对 GSH 的特异性识别响应，并成功用于活细胞中 GSH 的荧光标记。之后该课题组延续了这个机理，相继报道了一系列基于 NBD、Cy-7

以及 BODIPY 为母体的硫醇荧光探针 1-136、1-137[141]、1-138[142]和 1-139[143]。山西大学郭炜教授课题组报道的探针 1-140[144]、韩国浦项科技大学 Kyo Han Ahn 教授课题组报道的探针 1-141[145]、华东理工大学赵春常教授课题组报道的探针 1-142[146]，以及 Hae-Jo Kim 教授课题组报道的探针 1-143[147]，也都是基于相似的取代重排机理识别硫醇。

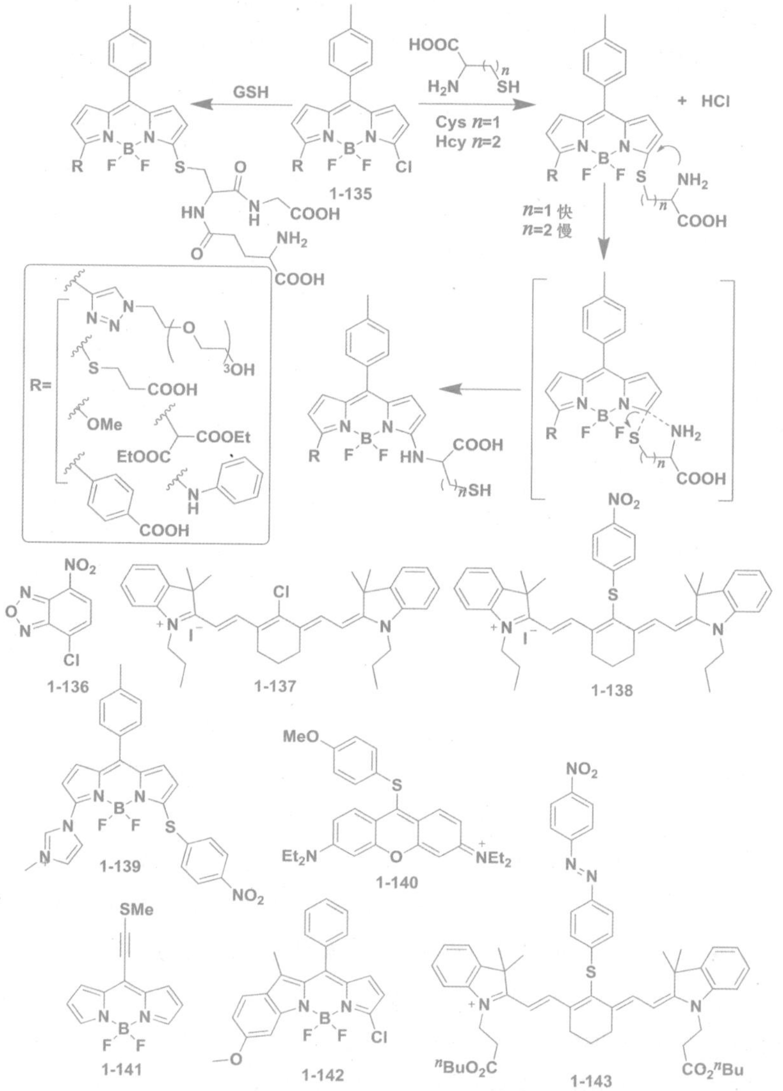

图 1.57 探针 1-135 ~ 1-143 与硫醇的作用机理图

Figure 1.57 The reaction mechanisms of fluorescent probes 1-135 ~ 1-143 with thiols

山西大学郭炜教授课题组报道了一种新型香豆素-半花菁衍生物 1-144[148]（图 1.58），可以从不同发射通道同时区分检测 Cys 和 GSH，该探针具有三个潜在的反应位点，可以与 Cys 发生取代重排-环化反应，与 Hcy 发生取代重排反应，而与 GSH 发生取代-级联反应，生成具有不同光学性质的产物，因此可以选择不同的激发波长，从不同的发射通道选择性地检测 Cys 和 GSH。这给了广大科研工作者们一条新的思路，利用多结合位点达到区分识别硫醇的目的。目前报道的基于相似机理的硫醇荧光探针还有 1-145[149]、1-146[150]、1-147[151-152]、1-148[153] 和 1-149[154-155]。

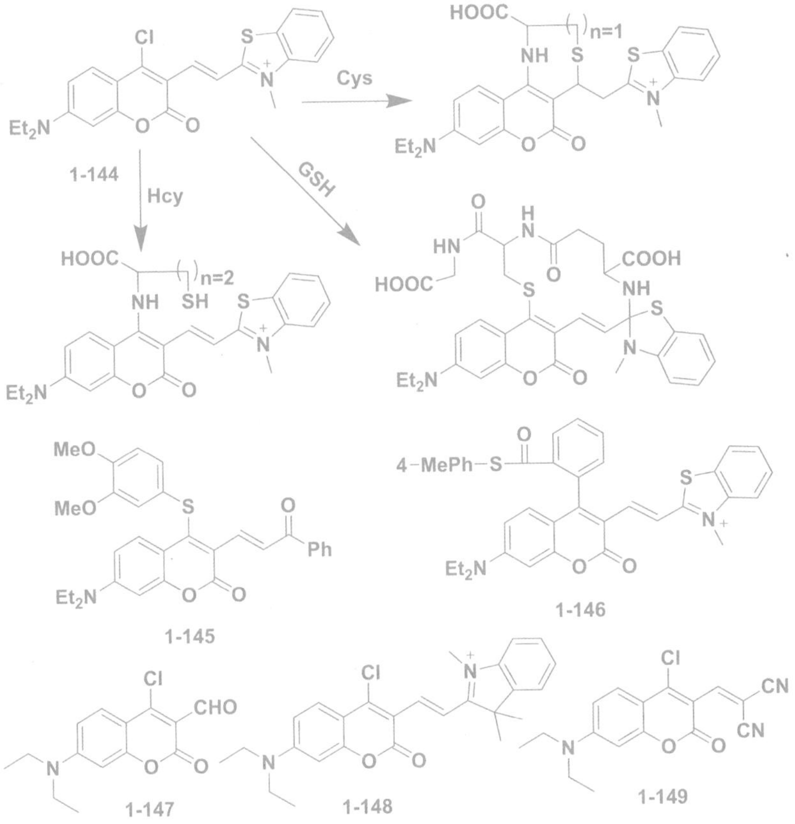

图 1.58 探针 1-144 ~ 1-149 与硫醇的作用机理图

Figure 1.58 The reaction mechanisms of fluorescent probes 1-144 ~ 1-149 with thiols

香港城市大学孙红燕教授课题组使用简单的四氟对苯二甲腈分子(1-150,图 1.59)来区分识别活细胞中的 Cys、Hcy 和 GSH[156],该探针与 Cys 作用后的反应产物为绿色荧光,而与 Hcy 和 GSH 作用的反应产物为蓝色荧光。当在探针和 Hcy 的反应产物中加入 CTAB(十六烷基三甲基溴化铵)后可以进一步反应,荧光颜色从蓝色变为绿色,但是对于 Cys 和 GSH 没有发生荧光颜色的改变。并且,探针和 Cys 的反应产物具有双光子性质,使其应用于组织成像成为可能。这是第一个可以从细胞实验中同时区分三种生物硫醇的荧光探针,也是目前用于硫醇检测的最小的荧光探针。

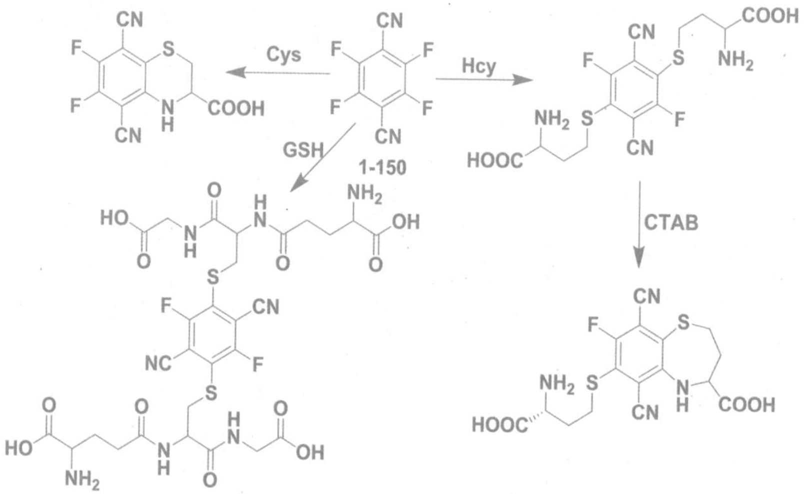

图 1.59 探针 1-150 与硫醇的作用机理图

Figure 1.59 The reaction mechanisms of fluorescent probe 1-150 with thiols

1.4.8 其他机理

硫醇荧光探针的发展由来已久,除了上述几种较为常见的机理,还有其他一些机理,如使用纳米粒子、DNA 复合物以及某些具有特殊性质的化合物来进行检测识别。2003 年,Robert M.

Strongin 教授课题组报道了两种可以直接检测 Hcy 浓度的方法。一种是利用加热条件下甲基紫精溶液对 Hcy 的选择性变色来实现识别,另一种是在含有锗试剂和三苯基膦的溶液中,通过 UV-Vis 光谱选择性地检测 Hcy,这使得在人血浆中直接测定 Hcy 水平成为可能[157]。中国科学院兰州化学物理研究所蒋生祥教授课题组利用超分子自组装技术,实现了对 Cys 的特异性检测[158]。纽约大学 Young-Tae Chang 教授课题组通过固相化学手段,使用特定的罗丹明衍生物实现了在活细胞中特异性检测 GSH[159]。北京大学杨荣华教授课题组先后报道了一系列新型螺吡喃衍生物,通过金属离子络合、静电作用以及亲核取代作用等,在生理条件下实现了对三种硫醇的识别检测[160-162]。延边大学吴学教授课题组基于静电吸引辅助响应机制检测硫醇,并通过实验证明分子的空间构型和电荷分布对硫醇识别的选择性和反应动力学速率起到很大作用[163-164]。

◆1.5 本书的研究内容

综上所述,大多数硫醇荧光探针的开发均是利用硫醇的两个显著特征,即硫醇的强亲核性和对金属离子的高结合力。到目前为止,硫醇荧光探针的开发及应用仍然存在多种问题,如响应速度慢、发射波长短、选择性差,以及检出限高等,大多数工作无法对三种生物硫醇做到选择性识别。

本书在对前人工作学习总结的基础上,主要利用硫醇的强亲核性,基于不同的荧光团和识别位点,设计合成了 5 个基于迈克尔加成机理的硫醇荧光成像探针,并通过研究探针与硫醇加成反应前后紫外吸收光谱和荧光发射光谱的变化,实现对硫醇的快速、特异性识别检测,通过核磁共振氢谱、碳谱及质谱等方法验证反应机理,并将探针成功应用于细胞成像以及生物成像实验。

第 2 章

基于方酸衍生物的 Cys/Hcy 特异性荧光成像探针

◆2.1 引 言

生物活性硫醇小分子在许多生理活动和新陈代谢过程中扮演着重要的角色,硫醇浓度异常有可能引发多种疾病,精确检测硫醇浓度尤为重要。然而,由于三种生物硫醇具有相似的化学结构和性质,对精确特异性检测不同硫醇含量造成了诸多不便。荧光探针由于具有高灵敏度、低检出限、仪器简单和操作简便等特点,已经成为检测各种化学生物样品浓度的重要手段之一,受到越来越多科研工作者的青睐[165-166],其最大的特点在于可以进行细胞成像和活体成像实验[167-169]。利用荧光探针方法检测硫醇含量,对于疾病预防和病理研究具有十分重要的意义。然而到目前为止,大多数硫醇荧光探针对于硫醇的识别检测并没有很好的特异性,且发射波长较短,易受到背景自发荧光的干扰,在细胞成像和活体成像方面的应用严重受限。

方酸衍生物具有优异的光物理性质,荧光发射峰一般在近红外区,具有极强的组织穿透性,能有效减弱生物背景荧光的干扰,便于应用于细胞成像和活体成像实验[170]。方酸衍生物中含有极度缺电子的中心四碳环,易与硫醇中的亲核性巯基发生迈克尔加成反应[171],据此我们设计合成了一种新型方酸衍生物硫醇荧光成像探针 2-1,通过核磁、单晶衍射和质谱方法表征其结构,并通过荧光发射和紫外吸收等方法研究探针 2-1 对硫醇的识别性能,确定其可以作为一个特异性识别 Cys/Hcy 的硫醇荧光探针。质谱研究表明,巯基加成到探针 2-1 的缺电子中心四碳环,引起紫外吸收光谱和荧光发射光谱的变化,从而达到识别硫醇的效果。

◆2.2 实验部分

2.2.1 主要实验仪器

主要实验仪器见表 2-1。

表 2-1　主要实验仪器

仪器	生产厂家
Olympus FV1000 激光扫描共聚焦显微镜	日本奥林巴斯株式会社
Bruker SMART APEX CCD 射线单晶衍射仪	美国布鲁克(BRUKER)公司
Bruker AVANCE-300 MHz 核磁共振波谱仪	美国布鲁克(BRUKER)公司
Bruker AVANCE-75 MHz 核磁共振波谱仪	美国布鲁克(BRUKER)公司
Cary 50 Bio 紫外-可见分光光度计	美国瓦里安(VARIAN)公司
Cary Eclipse 荧光分光光度计	美国瓦里安(VARIAN)公司
FE20-Five Easy Plus™ 酸度计	瑞士梅特勒-托利多集团
ME204E 电子天平天平	瑞士梅特勒-托利多集团
WD-9403E 型手提紫外灯	北京六一生物科技有限公司
DZF-6020 型真空干燥箱	杭州瑞佳精密科学仪器有限公司
PO-120 石英比色皿	上海华美实验仪器厂
手动可调式移液器	大龙兴创实验仪器有限公司
LCMS-8030 三重四极杆液质联用仪	日本株式会社岛津制作所

2.2.2 主要实验试剂

主要实验试剂见表 2-2。

表 2-2 主要实验试剂

试剂	纯度	生产厂家
方酸	分析纯	北京偶合科技有限公司
间羟基-N,N-二乙基苯胺	分析纯	北京偶合科技有限公司
正丁醇	分析纯	天津市北辰方正试剂厂
苯	分析纯	天津市富宇精细化工有限公司
三氯甲烷	分析纯	天津市富宇精细化工有限公司
乙酸乙酯	分析纯	天津市富宇精细化工有限公司
乙腈	分析纯	天津市富宇精细化工有限公司
HEPES	分析纯	Sigma-Aldrich（上海）贸易有限公司
Cys	分析纯	Sigma-Aldrich（上海）贸易有限公司
Hcy	分析纯	Sigma-Aldrich（上海）贸易有限公司
GSH	分析纯	Sigma-Aldrich（上海）贸易有限公司
ME（巯基乙醇）	分析纯	Sigma-Aldrich（上海）贸易有限公司
MPA（巯基丙酸）	分析纯	Sigma-Aldrich（上海）贸易有限公司
NEM(N-乙基马来酰亚胺)	分析纯	Sigma-Aldrich（上海）贸易有限公司

2.2.3 目标化合物的合成

在装有 Dean-Stark 分水器的 100 mL 圆底烧瓶中，将间羟基-N,N-二乙基苯胺（0.33 g, 2 mmol）和方酸（0.11 g, 1 mmol）溶于苯（30 mL）和正丁醇（30 mL）中，混合液回流 22 h。反应完成后冷却至室温，减压抽滤，滤饼用少量乙酸乙酯洗涤并真空干燥，得到绿色固体即为探针 2-1（图 2.1），产量 0.29 g，产率 72%。取少量化合物溶于 $CHCl_3$ 中，室温下缓慢挥发得到晶体（图 2.2）。

图 2.1 探针 2-1 的合成

Figure 2.1 Synthesis of probe 2-1

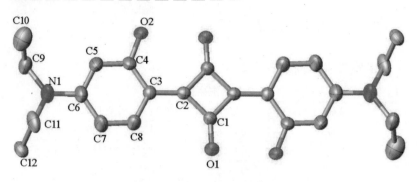

图 2.2 探针 2-1 的晶体结构

Figure 2.2 Crystal structure of probe 2-1

表征数据：^{1}H NMR (CDCl$_3$-d_1, 300 MHz)：δ (ppm, 百分浓度)：12.15 (s, 2H), 7.93 (s, 2H), 6.38 (s, 2H), 6.16 (s, 2H), 3.47 (m, 8H), 1.25 (m, 12H)；^{13}C NMR (CDCl$_3$-d_1, 75 MHz)：δ (ppm)：183.5, 173.1, 164.9, 156.2, 133.1, 110.7, 108.2, 99.2, 46.1, 23.7, 13.3；ESI-MS m/z：[M + H]$^+$ Calcd for C$_{24}$H$_{28}$N$_2$O$_4{}^+$ 409.21, Found 409.25。

晶体数据：*Crystal data for* C$_{24}$H$_{28}$N$_2$O$_4$: *crystal size*：0.11 × 0.1 × 0.09, monoclinic, space group P121/c. a= 9.447 (4) Å (1Å=10^{-10}m), b= 7.179 (3) Å, c=15.819 (7) Å, β=105.464 (7) °, V=1034.0 (8) Å^3, Z=2, T=173.15 K, θ_{max}=27.47°, 8439 reflections measured, 2350 unique (R_{int} = 0.0444). Final residual for 198 parameters and 2350 reflections with $I > 2\sigma$ (I)：R_1 = 0.0581, wR_2 = 0.1588 and GOF = 1.226。

◆2.3 探针 2-1 对硫醇的识别研究

2.3.1 探针 2-1 识别硫醇的选择性

我们推测探针 2-1 分子的中心四碳环可以与硫醇中的巯基发生迈克尔加成反应，从而引起光学性质的变化。为了检验探针的硫醇识别性能，我们选择了各种氨基酸，研究其与探针 2-1 反应前后的光学性质变化，包括苯丙氨酸(Phe)、谷氨酸(Glu)、苏氨酸(Thr)、谷氨酰胺(Gln)、色氨酸(Trp)、丙氨酸(Ala)、精氨酸(Arg)、甘氨酸(Gly)、赖氨酸(Lys)、亮氨酸(Leu)、丝氨酸(Ser)、异亮氨酸(Ile)、酪氨酸(Tyr)、天冬氨酸(Asp)、甲硫氨酸(Met)、缬氨酸(Val)、脯氨酸(Pro)、组氨酸(His)以及生物硫醇(Cys、Hcy 和 GSH)。如图 2.3 和图 2.4 所示,在 CH_3CN-HEPES(10 mmol/L, pH=9.0, 1∶1, V/V)缓冲溶液中,探针 2-1 与 Cys/Hcy 作用之后,紫外吸收光谱和荧光发射光谱发生明显猝灭,与 GSH 作用后,光谱上只表现出微弱的变化,而加入其他氨基酸,并没有发生明显的变化,表明该探针可用于特异性检测识别 Cys/Hcy,并具有较高的选择性,GSH 和其他氨基酸对整个检测识别过程几乎不产生干扰。

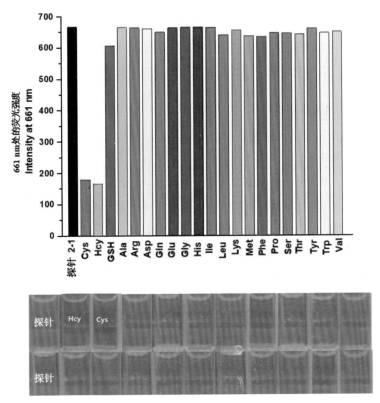

图 2.3 探针 2-1 与各类分析物作用的荧光柱状图及紫外灯下的荧光变化图

Figure 2.3 Optical density two-dimensional graph at 661 nm and color change photograph under illumination with a 365 nm UV lamp of probe 2-1, upon addition of various natural amino acids, respectively

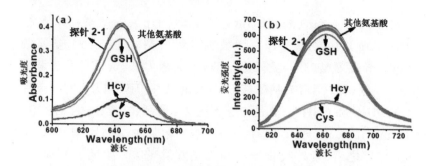

图2.4 探针2-1与各类分析物作用的紫外吸收光谱图(a)和荧光发射光谱图(b)
Figure 2.4 The UV-Vis (a) and fluorescence spectra (b) of probe 2-1 when all kinds of analytes added

2.3.2 探针2-1识别硫醇的光谱

我们首先研究了探针2-1识别Hcy的光谱性质,图2.5(a)为在CH_3CN-HEPES(10 mmol/L,pH=9.0,1:1,V/V)缓冲溶液中,探针2-1(35 μmol/L)与Hcy(0~120 μmol/L)作用的紫外吸收光谱图。

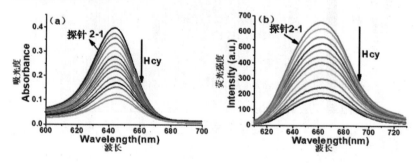

图2.5 探针2-1与Hcy作用的紫外吸收光谱图(a)和荧光发射光谱图(b)
Figure 2.5 (a) The UV-Vis spectra of probe 2-1 (35 μmol/L) in the presence of various concentrations of Hcy (0~120 μmol/L) in CH_3CN-HEPES buffer (10 mmol/L, pH=9.0, 1:1, V/V); (b) The fluorescence spectra of probe 2-1 (5 μmol/L) in the presence of various concentrations of Hcy (0~80 μmol/L) in CH_3CN-HEPES buffer (10 mmol/L, pH=9.0, 1:1, V/V). (λ_{ex} = 575 nm, slit: 5 nm/5 nm)

从图中可以看到 645 nm 处的吸收峰随着 Hcy 浓度增大而不断降低。同时,从探针 2-1(5 μmol/L)与 Hcy(0 ~ 80 μmol/L)作用的荧光发射光谱图中可以观察到,661 nm 处的荧光强度随着 Hcy 浓度的增大而猝灭。值得注意的是,该检测过程中伴有明显的溶液颜色变化,表明探针 2-1 可以用于"裸眼"检测 Hcy。探针 2-1 与 Cys 作用的紫外吸收光谱和荧光发射光谱类似于 Hcy,而 GSH 与探针作用之后紫外吸收光谱和荧光发射光谱几乎都未发生明显变化(图 2.6)。

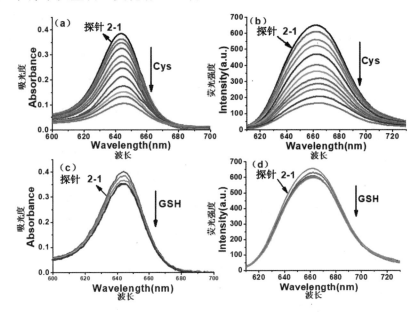

图 2.6 探针 2-1 分别与 Cys、GSH 作用的紫外吸收光谱图(a、c)和荧光发射光谱图(b、d)

Figure 2.6 The UV-Vis spectra of probe 2-1 (35 μmol/L) with Cys (200 μmol/L)(a) and GSH (75 μmol/L)(c) in CH$_3$CN-HEPES buffer (10 mmol/L, pH=9.0, 1∶1, V/V); The fluorescence spectra of probe 2-1 (5 μmol/L) with Cys (200 μmol/L)(b) and GSH (40 μmol/L)(d) in CH$_3$CN-HEPES buffer (10 mmol/L, pH=9.0, 1∶1, V/V)(λ_{ex} = 575nm, slit: 5.0 nm/5.0 nm)

为了更深入地研究探针 2-1 对硫醇的识别性能,我们选择了两种与 Cys/Hcy 结构类似的非生物硫醇(ME 和 MPA),研究它们与硫醇作用前后的紫外吸收光谱和荧光发射光谱变化。如图 2.7 所示,在同样的 CH_3CN-HEPES（10 mmol/L,pH=9.0,1∶1, V/V）缓冲溶液中,当加入 ME 后,随着 ME 浓度的增大,表现出类似于 Cys/Hcy 的紫外和荧光响应,而加入 MPA 后,则表现出类似于 GSH 和其他氨基酸的光学变化,这可能是因为在 pH 9.0 的实验条件下,ME 中的巯基表现出更强的亲核性,而 MPA 中的巯基亲核性较弱,这也进一步解释了探针与三种生物硫醇响应不同的原因。

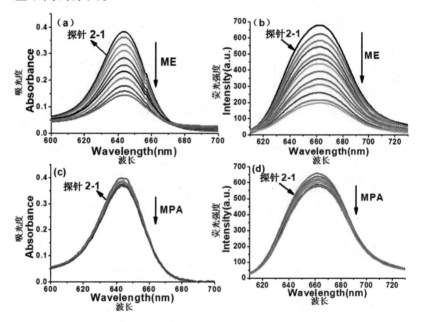

图 2.7 探针 2-1 分别与 ME、MPA 作用的紫外吸收光谱图（a、c）和荧光发射光谱图（b、d）

Figure 2.7 The UV-Vis spectra of probe 2-1（35 μmol/L）with ME（2-Mercaptoethanol）（80 μmol/L）（a）and MPA（Mercaptopropionc Acid）（80 μmol/L）（c）in CH_3CN-HEPES buffer（10 mmol/L, pH=9.0, 1∶1, V/V）; The fluorescence spectra of probe 2-1（5 μmol/L）with ME（50 μmol/L）（b）and MPA（50 μmol/L）（d）in CH_3CN-HEPES buffer（10 mmol/L, pH=9.0, 1∶1, V/V）（λ_{ex} = 575 nm, slit: 5.0 nm/5.0 nm）

2.3.3 探针 2-1 识别硫醇的响应时间

响应时间是衡量荧光探针性能的一个重要指标,为此我们进行了探针 2-1 识别硫醇的响应时间研究,如图 2.8 所示,在含有探针 2-1(5 μmol/L)的 CH_3CN-HEPES(10 mmol/L,pH=9.0,1∶1,V/V)缓冲溶液中分别加入 10 当量的 Cys 和 Hcy,可以发现探针 2-1 与 Hcy 反应比较迅速,反应可在 40 s 内达到平衡,相同条件下探针 2-1 与 Cys 的反应在 60 s 内达到平衡,表明探针 2-1 在实验条件下可快速检测这两种生物硫醇。

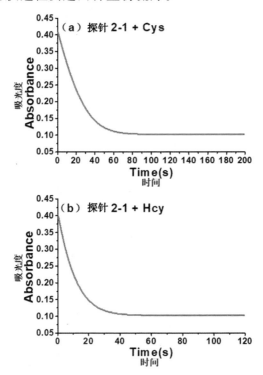

图 2.8 探针 2-1 分别与 10 当量的 Cys、Hcy 作用的响应时间研究

Figure 2.8 Time-dependent absorbance of probe 2-1 at 645 nm in the presence of 10 当量 uiv Cys(a) and Hcy(b)

2.3.4 探针 2-1 识别硫醇的最适 pH

鉴于探针 2-1 对 Hcy 有更快的反应速率,我们研究了不同

pH 条件下探针本身荧光强度和探针与 Hcy 作用后的荧光猝灭程度，从而挑选出最适 pH 条件。从图 2.9 中可以看出，在不同 pH 的 CH$_3$CN-HEPES（10 mmol/L，1∶1，V/V）缓冲溶液中，当溶液 pH 在 2.0 ~ 12.0 时，探针本身荧光强度较高，当 pH 值超过 12.0 时，探针本身荧光强度显著降低。当溶液 pH 在 4.0 ~ 12.0 时，随着 pH 值的升高，Hcy 诱导的探针荧光猝灭程度增大。为了获得更好的识别响应效果，我们选择在 pH=9.0 条件下来研究探针 2-1 对 Hcy 的识别性质，对 Cys 的识别研究也在相同 pH 条件下进行。

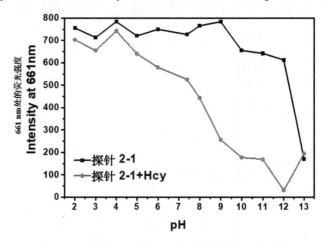

图 2.9　探针 2-1 与 Hcy 作用的最适 pH 研究

Figure 2.9 The fluorescence intensity of probe 2-1（5 μmol/L）at 661 nm in the absence and presence of Hcy under different pH in CH$_3$CN-HEPES buffer（10 mmol/L，1∶1，V/V）（λ_{ex}=575 nm；Slit：5nm/5 nm）

2.3.5　探针 2-1 识别硫醇的检出限

我们研究了探针 2-1 对 Hcy 的检出限，在 CH$_3$CN-HEPES（10 mmol/L，pH=9.0，1∶1，V/V）缓冲溶液中，将探针 2-1（5 μmol/L）与 Hcy（0 ~ 80 μmol/L）作用，并将 661 nm 处的相对荧光发射强度与 Hcy 浓度做函数图像，得到如图 2.10（a）所示的线性关系图。根据 IUPAC（C_{DL} = 3 S_b/m）[172] 得到探针 2-1 对 Hcy 的检出限为 0.067 μmol/L。相同条件下得到探针 2-1 对 Cys 的检出限为 0.059 μmol/L。

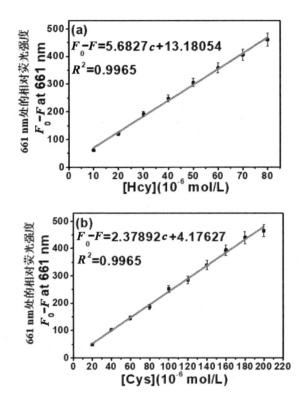

图 2.10 探针 2-1 分别与 Hcy 和 Cys 作用的相对荧光强度对浓度的线性关系图

Figure 2.10 The linearity of the relative fluorescence intensity versus Hcy(a)and Cys(b)concentration

2.3.6 探针 2-1 识别硫醇的机理

探针 2-1 识别硫醇可能的机理如图 2.11 所示，Cys/Hcy 中的巯基亲核加成到方酸缺电子四元环中心，破坏了探针 2-1 原有的共轭体系，诱导其荧光及溶液颜色发生变化。为了验证这个机理，我们选择与 Cys/Hcy 性质类似的 ME 来研究其与探针 2-1 的反应机理，并通过质谱方法进行验证。ESI-MS 分析结果（图 2.12）可以清楚地发现：正离子模式下 $m/z=525$ 的峰对应于 [探针 2-1

+ ME + K]⁺,因此我们认为该反应机理合理,并推测由于 GSH 中的巯基亲核性较弱,导致其与方酸环加成较 Cys/Hcy 困难,从而在紫外吸收光谱和荧光发射光谱中观察不到特别明显的变化。

图 2.11 探针 2-1 识别硫醇的机理图

Figure 2.11 Proposed reaction mechanisms of probe 2-1 with thiols

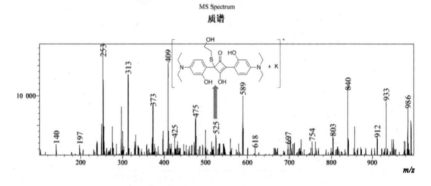

图 2.12 探针 2-1 与 ME 作用后的质谱图

Figure 2.12 ESI-MS spectra of the probe 2-1 with ME

2.3.7 探针 2-1 识别硫醇的细胞成像

为了检测探针 2-1 是否可用于活细胞中硫醇检测,我们开展了共聚焦成像实验。首先将 HepG2 细胞在 37 ℃下用 NEM（20 μmol/L）预处理 30 min,以除去细胞内的硫醇,然后加入探针 2-1（10 μmol/L）再孵育 30 min,如图 2.13（a）所示,在 575 nm 激发条件下,细胞内有红色荧光出现,证明探针可以通过细胞膜进入细胞内部。对照实验图 2.13（b）中,将已经用 NEM（20 μmol/L）和探针 2-1（10 μmol/L）孵育过的细胞再用 Hcy（80 μmol/L）在 37 ℃条件下孵育 30 min,发现细胞内几乎没有荧光产生,表明探针与 Hcy 在细胞内发生作用,这与 Hcy 荧光光谱滴定结果一致,进一步说明了探针 2-1 具有良好的细胞膜通透性和生物相容性,可以用于活细胞荧光标记和细胞成像实验。

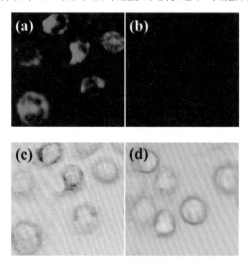

图 2.13 HepG2 细胞的共聚焦荧光成像图

Figure 2.13 Confocal fluorescence images of HepG2 cells: (a) Fluorescence image of HepG2 cells pretreated with NEM (20 μmol/L), and then incubated with probe 2-1 (10 μmol/L) and its bright field image (c); (b) Fluorescence image of HepG2 cells incubated with probe 2-1 (10 μmol/L) after pretreated with NEM (20 μmol/L) for 30 min at 37 ℃, further incubated with Hcy (80 μmol/L) and its bright field image (d)

◆2.4 本章小结

综上所述,我们设计合成了一种基于方酸衍生物的新型硫醇荧光探针 2-1,并成功应用于 HepG2 活细胞的共聚焦成像实验。探针 2-1 对 Cys/Hcy 表现出特异性识别性质,GSH 和其他氨基酸对识别过程几乎不产生干扰,具有发射波长长、响应快速、线性关系良好和检出限较低等特点,对 Cys 和 Hcy 的检出限分别低至 0.059 μmol/L、0.067 μmol/L。此外,荧光共聚焦显微成像实验表明探针 2-1 具有良好的细胞膜通透性和生物相容性,具有潜在的生物应用价值。但是,探针 2-1 作为一款猝灭型硫醇荧光探针,限制了其实际应用,今后将从这些方面进行改进。

第 3 章

基于三苯胺－马来酰亚胺衍生物的 Hcy/GSH 特异性荧光成像探针

◆ 3.1 引 言

众所周知，GSH 是生物体细胞中含量最丰富的非蛋白生物硫醇，其浓度可达 1～10 mmol/L，远高于 Cys 的浓度（30～200 μmol/L）和 Hcy 的浓度（通常低于 12～15 μmol/L）。然而，据日本东北大学 Akira Aaganuma 教授课题组报道，在健康的人类血浆中，Cys 的浓度约为 GSH 的 10 倍，是 Hcy 的 20～30 倍之多[173-174]。由于不同的生物硫醇在生命体活动中发挥着完全不同的作用，区分检测硫醇含量显得尤为重要。

马来酰亚胺基团是一个常用的硫醇识别基团，具有很强的吸电子性，当与荧光团共轭相连，能导致探针分子荧光发生猝灭。硫醇中的巯基可以与马来酰亚胺基团中的碳碳双键进行迈克尔加成反应,弱化其吸电子能力导致荧光恢复,从而达到高选择性检测硫醇的目的[175]。我们以三苯胺为荧光团,设计合成了一种基于三苯胺-马来酰亚胺衍生物的off-on硫醇荧光成像探针3-1,研究发现,当探针浓度较低时,与Hcy/GSH作用后体系荧光显著增强,而与Cys作用几乎不引起任何变化,表明该探针可作为一个Hcy/GSH特异性荧光成像探针。

◆3.2 实验部分

3.2.1 主要实验仪器

主要实验仪器见表3-1。

表3-1 主要实验仪器

仪器	生产厂家
Bruker AVANCE-300 MHz 核磁共振波谱仪	美国布鲁克(BRUKER)公司
Bruker AVANCE-600 MHz 核磁共振波谱仪	美国布鲁克(BRUKER)公司
Bruker AVANCE-75 MHz 核磁共振波谱仪	美国布鲁克(BRUKER)公司
Agilent 8453 紫外-可见分光光度计	美国安捷伦科技有限公司
日立 F-7000 荧光分光光度计	日本日立高新技术公司
FE20-Five Easy Plus^{TM} 酸度计	瑞士梅特勒-托利多集团
ME204E 电子天平天平	瑞士梅特勒-托利多集团
Triple TOF 5600^{plus} 高分辨飞行时间质谱仪	美国 AB SCIEX 公司

3.2.2 主要实验试剂

主要实验试剂见表3-2。

表3-2 主要实验试剂

试剂	纯度	生产厂家
HEPES	分析纯	Sigma-Aldrich(上海)贸易有限公司
三苯胺	分析纯	北京偶合科技有限公司
叔丁醇钾	分析纯	北京偶合科技有限公司
三氯氧磷	分析纯	北京偶合科技有限公司
对硝基氯化苄	分析纯	北京偶合科技有限公司

续表

试剂	纯度	生产厂家
DMF	分析纯	天津市富宇精细化工有限公司
对二甲苯	分析纯	天津市富宇精细化工有限公司
二氯甲烷	分析纯	天津市富宇精细化工有限公司
四氢呋喃	分析纯	天津市富宇精细化工有限公司

3.2.3 目标化合物的合成

探针 3-1 的合成如图 3.1 所示。

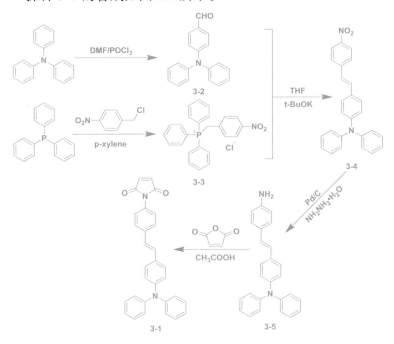

图 3.1 探针 3-1 的合成

Figure 3.1 Synthesis of probe 3-1

3.2.3.1 化合物 3-2 的合成

冰盐浴条件下,将三氯氧磷(11 mL)缓慢滴加到 DMF(150 mL)中,保持冰浴搅拌 2 h。当反应液颜色变为橘红色,加入三苯胺(24.51 g,100 mmol)并移去冰盐浴,缓慢升温至 40 ℃搅拌,TLC 确定反应终点(3 ~ 4 h)。反应完成后,将混合液缓慢倒入

1000 mL 冰水中,并用饱和氢氧化钠溶液调节 pH 至 9.0,析出大量淡黄色固体。减压抽滤、水洗、真空干燥并用乙醇重结晶,得到淡黄色粉末化合物 3-2,产量为 23.49 g,产率为 86%。

表征数据:^{1}H NMR(DMSO-d6,300 MHz):δ(ppm):9.77(s,1H),7.72(d,J = 8.7 Hz,2H),7.43(t,J = 15.6 Hz,4H),7.23(m,6H),6.88(d,J = 8.7 Hz,2H);^{13}C NMR(DMSO-d6,75 MHz):δ(ppm):190.1,152.3,145.1,130.9,129.6,128.1,126.0,125.0,117.7;ESI-MS m/z:[M + H]$^+$ Calcd. for C$_{19}$H$_{16}$NO$^+$ 274.12;Found 273.92。

3.2.3.2 化合物 3-3 的合成

在装有对二甲苯(200 mL)的 500 mL 圆底烧瓶中加入三苯基膦(41.93 g,0.16 mol)和对硝基氯化苄(25.65 g,0.15 mol),混合物在 150 ℃条件下搅拌回流 2 h,然后冷却到室温,减压抽滤并真空干燥,得到灰褐色固体 3-3,产量为 59.77 g,产率为 92%。

表征数据:^{1}H NMR(DMSO-d6,300 MHz):δ(ppm):8.11(d,J = 8.1 Hz,2H),7.93(s,3H),7.75(d,J = 9.9 Hz,12H),7.30(d,J = 8.1 Hz,2H),5.60(s,1H),5.54(s,1H);^{13}C NMR(DMSO-d6,75 MHz):δ(ppm):146.5,135.6,135.4,134.5,133.4,133.2,131.4,129.5,129.3,122.9,117.1,116.0。

3.2.3.3 化合物 3-4 的合成

冰浴条件下,在装有四氢呋喃(100 mL)的 250 mL 三口瓶中加入化合物 3-3(5.41 g,12.5 mmol)和叔丁醇钾(1.82 g,15 mmol)并搅拌 1 h,之后加入化合物 3-2(2.32 g,8.5 mmol)并缓慢升温至 70 ℃回流,TLC 确定反应终点。反应完全后,减压蒸馏除去溶剂,加入 30 mL 蒸馏水,并用二氯甲烷萃取,有机相用饱和食盐水洗涤(20 mL×3),无水硫酸钠干燥,减压蒸馏除去溶剂,粗产物经硅胶色谱柱分离(洗脱剂为乙酸乙酯:石油醚 =1∶4,V/V)得深红色固体 3-4(图 3.2),产量为 2.73 g,产率为 82%。取少量固体溶解于混合溶液(乙酸乙酯:石油醚 =1∶4,V/V),将所得饱和溶液在室温下缓慢挥发得到晶体。

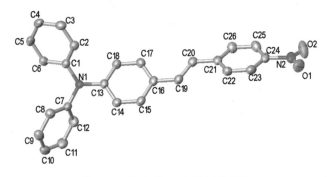

图 3.2　化合物 3-4 的晶体结构
Figure 3.2　Crystal structure of compound 3-4

表征数据：^{1}H NMR（DMSO-d6，300 MHz）：δ（ppm）：8.21（d，J = 8.7 Hz，2H），7.81（d，J = 8.7 Hz，2H），7.55（t，J = 15.6 Hz，2H），7.30（m，6H），7.09（m，6H），6.95（d，J = 8.4 Hz，2H）；^{13}C NMR（DMSO-d6，75 MHz）：δ（ppm）：147.3，146.2，145.3，144.0，132.4，129.6，129.1，127.9，126.4，124.1，123.2，121.7；ESI-MS m/z：[M + H]$^+$ Calcd. for $C_{26}H_{21}N_2O_2^+$ 393.15；Found 393.08。

晶体数据：Crystal data for $C_{26}H_{20}N_2O_2$：crystal size：0.20 × 0.16 × 0.06，monoclinic，space group P 1 21/n 1. a = 8.4057（13）Å，b = 8.8548（13）Å，c = 27.015（4）Å，β = 96.654（3）°，V=1997.2（5）Å^3，Z = 4，T = 173.1500 K，θ（max）= 27.483°，13867 reflections measured，4562 unique（R_{int} = 0.0355）. Final residual for 271 parameters and 4562 reflections with I > 2（I）：R_1 = 0.0596，wR_2 = 0.1248 and GOF = 1.104。

3.2.3.4　化合物 3-5 的合成

在装有乙醇（50 mL）的 100 mL 圆底烧瓶中加入化合物 3-4（1.96 g，5 mmol）和 0.30 g 钯碳，并缓慢滴加 2.45 mL 水合肼，混合液在 80 ℃条件下搅拌回流，TLC 确定反应终点。反应完成后，混合液趁热过滤，并将滤液倒入饱和氯化钠溶液中，析出浅黄色固体，减压抽滤、水洗、真空干燥，粗产物经硅胶色谱柱分离（洗脱剂为二氯甲烷），得到淡黄色固体 3-5，产量为 1.18 g，产率为 65%。

表征数据：^{1}H NMR（DMSO-d6，300 MHz）：δ（ppm）：

7.40（d, J = 8.1 Hz, 2H）, 7.27（m, 6H）, 6.85（m, 10H）, 6.53（d, J = 8.1 Hz, 2H）, 5.26（s, 2H）; ^{13}C NMR（DMSO-d6, 75 MHz）: δ（ppm）: 147.3, 145.9, 144.4, 131.5, 128.3, 126.7, 126.2, 125.6, 123.7, 122.5, 121.7, 121.0, 112.7, 112.2; ESI-MS m/z: [M + H]$^+$ Calcd. for $C_{26}H_{23}N_2^+$ 363.18; Found 362.92。

3.2.3.5 探针 3-1 的合成

在装有冰乙酸（10 mL）的 25 mL 圆底烧瓶中加入化合物 3-5（0.72 g, 2 mmol）和马来酸酐（0.20 g, 2 mmol）, 120 ℃加热回流, TLC 确定反应终点。反应完成后冷却至室温, 析出大量固体, 减压抽滤, 滤饼用饱和碳酸钠溶液和去离子水洗涤, 并真空干燥, 粗产物经硅胶色谱柱分离（洗脱剂为二氯甲烷）, 得到淡黄色固体即为探针 3-1, 产量为 0.51 g, 产率为 58%。

表征数据: ^{1}H NMR（DMSO-d6, 600 MHz）: δ（ppm）: 7.67（d, J = 8.5 Hz, 2H）, 7.53（d, J = 8.6 Hz, 2H）, 7.32～7.35（m, 4H）, 7.31（d, J = 2.0 Hz, 2H）, 7.25（d, J = 16.4 Hz, 2H）, 7.19（s, 2H）, 7.15（d, J = 16.4 Hz, 2H）, 7.07（t, J = 7.4 Hz, 2H）, 7.05（d, J = 7.6 Hz, 4H）, 6.97（d, J = 8.6 Hz, 2H）. ^{13}C NMR（DMSO-d6, 75 MHz）: δ（ppm）: 169.5, 146.5, 136.4, 134.3, 130.7, 130.0, 129.2, 128.4, 127.4, 126.5, 126.1, 125.5, 123.8, 122.9, 122.5; LC-MS m/z: [M + CH$_3$OH] Calcd. for $C_{31}H_{26}N_2O_3$ 474.19434; Found 474.19364。

◆3.3 探针 3-1 对硫醇的识别研究

3.3.1 探针 3-1 识别硫醇的选择性

根据本课题组之前的工作, 我们预测探针 3-1 对硫醇具有识别作用。因此我们首先研究了探针 3-1 对各种分析物的响应, 包括含有巯基的生物硫醇（GSH、Hcy 和 Cys）、其他氨基酸（丙氨酸（Ala）、精氨酸（Arg）、天冬酰胺（Asp）、谷氨酰胺（Gln）、谷氨酸(Glu)、甘氨酸(Gly)、异亮氨酸(Ile)、亮氨酸(Leu)、赖氨酸(Lys)、甲硫氨酸(Met)、苯丙氨酸(Phe)、脯氨酸(Pro)、L-丝氨酸、苏氨酸(Thr)、色氨酸(Trp)、酪氨酸(Tyr)、缬氨酸(Val))以及 HS^- 离子。研究发现,探针 3-1 本身的荧光非常微弱,只有在硫醇存在时荧光强度才有明显的增强。在探针 3-1(0.5 μmol/L)的缓冲溶液中加入 Hcy/GSH,会产生明显的荧光增强,而加入 Cys 荧光变化很小,加入其他的氨基酸和 HS^- 离子几乎不引起荧光信号的变化(图 3.3)。当把探针浓度增大,在探针 3-1(5 μmol/L)的缓冲溶液中加入 Cys 时,体系也有比较明显的荧光增强,但仍然没有 Hcy/GSH 所引起的荧光强度增强明显,这表明,当探针浓度较低时,可用于特异性识别 Hcy/GSH。对于紫外吸收光谱,即使加入 20 当量的硫醇,光谱也没有发生明显的改变。

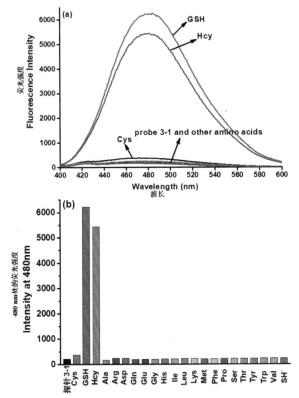

图 3.3 探针 3-1 与各类分析物作用的荧光发射光谱图(a)和荧光柱状图(b)

Figure 3.3 Fluorescence emission spectra(a)and optical density two-dimensional graph(b)of the probe 3-1 at 480 nm when all kinds of analytes added

3.3.2 探针 3-1 识别硫醇的光谱

我们分别研究了探针 3-1 与硫醇（GSH、Hcy、Cys 以及 ME）在作用过程中荧光发射光谱变化来研究其对硫醇的识别作用。如图 3.4 所示，在 CH$_3$OH-HEPES（10 mmol/L, pH=7.4, 1:1, V/V）缓冲溶液中加入探针 3-1（0.5 μmol/L）和 GSH（0～3.5 μmol/L）进行滴定实验，在 480 nm 处探针本身几乎没有荧光，随着 GSH 的加入会引起荧光显著增强，并且荧光强度增强高达 24 倍。同样的，在探针 3-1（0.5 μmol/L）的 CH$_3$OH-HEPES（10 mmol/L, pH=7.4, 1:1, V/V）缓冲溶液中分别加入 Hcy（0～3 μmol/L）和 ME（0～3 μmol/L），在荧光发射光谱上观察到类似的荧光增强现象。

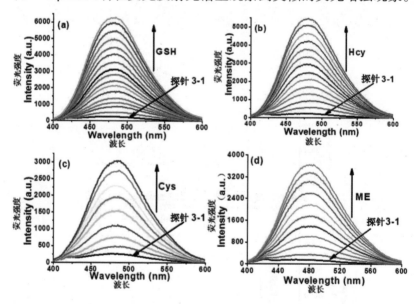

图 3.4 探针 3-1 分别与 GSH（a）、Hcy（b）、Cys（c）以及 ME（d）作用的荧光发射光谱图

Figure 3.4 Fluorescence spectra of the probe 3-1（0.5 μmol/L）in the presence of various concentrations of GSH（0-3.5 μmol/L）(a), Hcy（0～3 μmol/L）(b), ME（0～3 μmol/L）(d) and probe 3-1（5 μmol/L）in the presence of various concentrations of Cys（0～35 μmol/L）(c) in CH$_3$OH-HEPES buffer（10 mmol/L, pH = 7.4, 1:1, V/V）.（λ_{ex} = 370 nm, slit: 5 nm/5 nm）

不同的是，在探针 3-1（0.5 μmol/L）的 CH$_3$OH-HEPES（10 mmol/L, pH=7.4, 1:1, V/V）缓冲溶液中加入过量的 Cys，

产生的荧光增强几乎可以忽略不计,而当增大探针浓度,在探针3-1(5 μmol/L)的相同缓冲溶液中加入 Cys(0 ~ 35 μmol/L),则能引起约 12 倍的荧光增强现象。

通过研究探针 3-1 与生物硫醇在作用前后的紫外吸收光谱变化,如图 3.5 所示,我们发现,即使加入 20 当量的硫醇,紫外吸收光谱也没有明显的变化,这与以前报道的基于马来酰亚胺识别基团的硫醇荧光探针的紫外现象保持一致。

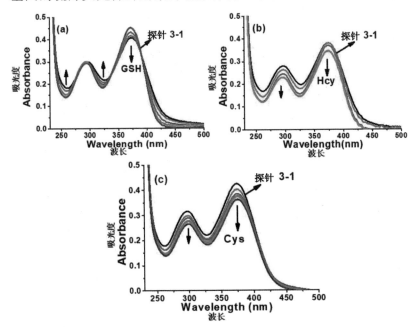

图 3.5 探针 3-1 分别与 GSH、Hcy 以及 Cys 作用的紫外吸收光谱图
Figure 3.5 The absorption spectra of probe 3-1 (10 μmol/L) with 200 μmol/L GSH (a), Hcy (b) and Cys (c) in CH$_3$OH-HEPES buffer (10 mmol/L, pH = 7.4, 1 : 1, V/V)

3.3.3 探针 3-1 识别硫醇的响应时间

探针 3-1 识别硫醇的响应时间是在加入 10 当量硫醇的存在下监测得到的,如图 3.6 所示,研究表明,探针与 Hcy/GSH 的反应在不到 75 s 趋于平衡,说明探针 3-1 在实验条件下能与 Hcy/GSH 快速反应,而探针与 Cys 的反应在不到 150 s 趋于平衡,比 Hcy 和

GSH 略差一些,但仍然比许多已经报道的探针反应快速[176-177]。

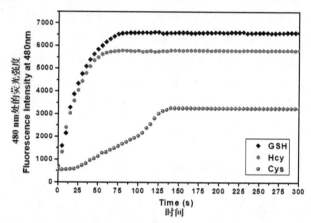

图 3.6 探针 3-1 分别与 10 当量的 Cys、Hcy 和 GSH 作用的响应时间研究

Figure 3.6 Time-dependent fluorescence response of probe 3-1（0.5 μmol/L）with 10 当量 uiv GSH, Hcy and probe 3-1（5 μmol/L）with 10 当量 uiv Cys

3.3.4 探针 3-1 识别硫醇的最适 pH

为了研究 pH 在探针 3-1 识别硫醇过程中的影响,我们研究了在不同 pH 条件下,探针 3-1 与 GSH 作用的相对荧光强度变化。如图 3.7 所示。

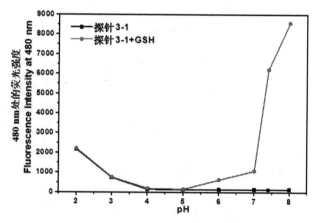

图 3.7 探针 3-1 与 GSH 作用的最适 pH 研究

Figure 3.7 The fluorescence intensity of probe 3-1（0.5 μmol/L）at 480 nm in the absence and presence of GSH under different pH in CH$_3$OH-HEPES buffer（10 mmol/L, 1∶1, V/V）(λ_{ex} = 370 nm; slit: 5 nm/5 nm）

当溶液 pH 在 2.0 ~ 5.0 时,探针本身的荧光非常微弱,且加入 GSH 并没有引起荧光强度的变化;当溶液 pH 超过 5.0 时,探针本身几乎没有荧光,随着 pH 值的增大,GSH 引起的荧光强度明显增强。因此,我们选择在生理 pH 7.4 条件下作进一步研究。

3.3.5 探针 3-1 识别硫醇的检出限

为了研究探针对各种硫醇的检出限,首先将探针 3-1(0.5 μmol/L)与各种浓度的 GSH(0 ~ 3.5 μmol/L)作用,并将 480 nm 处的相对荧光强度与 GSH 浓度作函数图像,得到如图 3.8(a)所示的线性关系图。根据 IUPAC($C_{DL}=3\ S_b/m$)得到探针 3-1 对 GSH 的检出限为 0.085 μmol/L,同理得到对 Hcy 和 Cys 的检出限分别为 0.12 μmol/L 和 0.13 μmol/L,低于之前报道的一些硫醇荧光探针[178-179]。

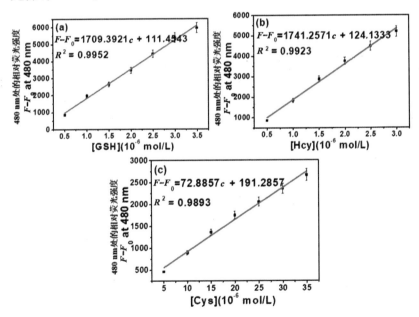

图 3.8 探针 3-1 分别与 GSH、Hcy 和 Cys 作用的相对荧光强度对浓度的线性关系

Figure 3.8 The linearity of the relative fluorescence intensity versus GSH(a), Hcy(b) and Cys(c) concentration

3.3.6 探针 3-1 识别硫醇的机理

由于马来酰亚胺基团含有碳碳不饱和双键,易与亲核性试剂发生迈克尔加成反应。我们推测该反应机理为硫醇中的巯基与探针 3-1 的马来酰亚胺基团发生迈克尔加成反应,破坏其共轭吸电子能力,导致荧光显著增强(λ_{ex} = 370 nm,λ_{em} = 480 nm),实现对硫醇的选择性识别(图 3.9)。通过将探针 3-1 和 ME 的反应产物用质谱方法进行分析,如图 3.10 所示,在质荷比为 521.16 处能清楚地看到 [3-1 + ME + H]$^+$ 的离子峰,证实了探针与 ME 的加成化合物的存在。通过核磁方法分析,在氘代 DMSO 中,加入 2 当量的硫醇,发现在 7.19 ppm 的不饱和双键峰消失,而在 4.90,4.19,3.62,2.7~3.0 ppm 处出现新峰(图 3.11),进一步证实了我们的推测。因此,探针 3-1 对硫醇的识别与文献报道一致,都是基于迈克尔加成反应机理来识别硫醇[180]。

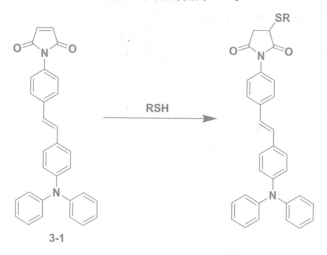

图 3.9 探针 3-1 识别硫醇的机理图

Figure 3.9 Proposed reaction mechanisms of the probe 3-1 with thiols

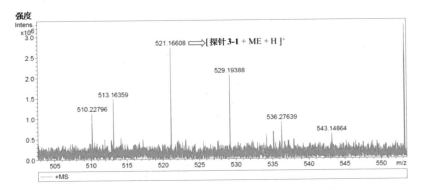

图 3.10 探针 3-1 与 ME 作用后的质谱图

Figure 3.10 The LC-MS spectra of the probe 3-1 with 2-mercaptoethanol (ME)

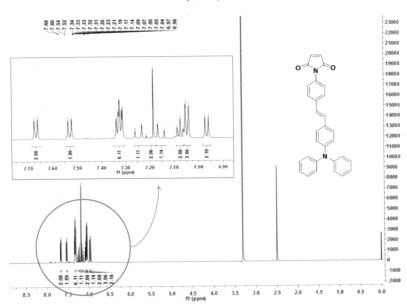

图 3.11 探针 3-1 的核磁氢谱以及与 ME 加成产物的氢谱

Figure 3.11 ^{1}H NMR spectra of probe 3-1 and product obtained by probe 3-1 react with ME

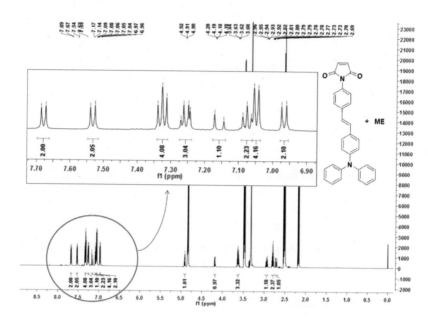

图 3.11 探针 3-1 的核磁氢谱以及与 ME 加成产物的氢谱(续)

Figure 3.11 ^{1}H NMR spectra of probe 3-1 and product obtained by probe 3-1 react with ME

3.3.7 探针 3-1 识别硫醇的细胞成像

为了进一步研究探针 3-1 在活细胞中能否检测生物硫醇,我们开展了 HepG2 细胞成像实验。如图 3.12(a)所示,首先将孵育好的 HepG2 细胞用 NEM(10 μmol/L)进行预处理,以除去细胞内的硫醇,然后加入探针 3-1(0.5 μmol/L)并在 37 ℃下培养 30 min,细胞没有显示出任何荧光。对照组实验中,先将 NEM(10 μmol/L)预处理过的 HepG2 细胞用探针 3-1(0.5 μmol/L)在 37 ℃下培养 30 min,然后加入 GSH(3.5 μmol/L)继续培养 30 min,如图 3.12(b)所示,HepG2 细胞显示出青色荧光,表明探针 3-1 具有良好的细胞膜通透性,并且能被用来在活细胞中标记硫醇。

第 3 章
基于三苯胺-马来酰亚胺衍生物的 Hcy/GSH 特异性荧光成像探针

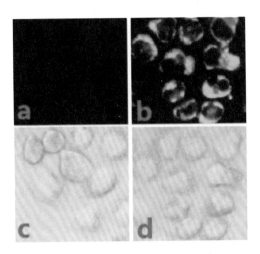

图 3.12 HepG2 细胞的荧光成像图

Figure 3.12 Confocal fluorescence images of HepG2 cells. (a) Fluorescence image of HepG2 cells pre-treated with 10 μmol/L NEM and then incubated with 0.5 μmol/L probe 3-1 for 30 min at 37 ℃ and its bright field image (c); (b) fluorescence image of HepG2 cells pre-treated with 10 μmol/L NEM and then incubated with 0.5 μmol/L probe 3-1 for 30 min and last incubated with 3.5 μmol/L GSH for 30 min at 37 ℃ and its bright field image (d)

◆3.4 本章小结

综上所述,我们设计合成了一种三苯胺为荧光团、马来酰亚胺为识别基团的新型 off-on 型硫醇荧光探针 3-1,其特点在于选择性好、灵敏度高、响应快速且检出限低,并且当探针浓度较低时,可用于特异性识别 Hcy/GSH,而 Cys 和其他氨基酸在识别过程中几乎不产生干扰。通过核磁滴定及质谱方法,验证了探针 3-1 是基于迈克尔加成机理识别硫醇,在 pH=7.4 生理条件下表现出荧光强度的显著增强。此外,该探针具有良好的细胞通透性和生物相容性,被成功应用于 HepG2 细胞成像实验。然而,不足之处在于,探针的激发波长和发射波长都比较短,这在生物成像应用中易受生物自发荧光干扰,期望在之后的工作中能进一步改善。

第 4 章

基于萘酰亚胺－马来酰肼衍生物的快速响应型硫醇荧光成像探针

◆ 4.1 引 言

目前报道的大部分硫醇荧光探针在发射波长、灵敏度、选择性以及反应速率方面均有待改善。马来酰亚胺结构单元是一类优异的硫醇识别基团,可以通过巯基对碳碳双键的迈克尔加成反应破坏其吸电子效应,进而影响分子内电荷转移,导致反应前后荧光光谱显著变化。

我们之前设计的探针虽然具有良好的线性关系、灵敏度、选择性和细胞膜通透性,但是其发射波长较短,不利于生物成像应用。鉴于此,我们选择光稳定性好、斯托克斯位移大且发射波长较长的萘酰亚胺作为荧光团,并与马来酰亚胺单元相连,设计合成了一种能对硫醇进行快速响应的新型荧光探针 4-1。研究表明,该探针可高选择性地与硫醇进行快速反应,荧光显著增强,并成功应用于 HepG2 细胞成像实验。

◆4.2 实验部分

4.2.1 主要实验仪器

主要实验仪器见表 4-1。

表 4-1 主要实验仪器

仪器	生产厂家
Olympus FV1000 激光扫描共聚焦显微镜	日本奥林巴斯株式会社
Bruker AVANCE-600 MHz 核磁共振波谱仪	美国布鲁克(BRUKER)公司
Bruker AVANCE-150 MHz 核磁共振波谱仪	美国布鲁克(BRUKER)公司
Agilent 8453 紫外-可见分光光度计	美国安捷伦科技有限公司
日立 F-7000 荧光分光光度计	日本日立高新技术公司
FE20-Five Easy Plus^{TM} 酸度计	瑞士梅特勒-托利多集团
ME204E 电子天平天平	瑞士梅特勒-托利多集团
Triple TOF 5600^{plus} 高分辨飞行时间质谱仪	美国 AB SCIEX 公司

4.2.2 主要实验试剂

主要实验试剂见表 4-2。

表 4-2 主要实验试剂

试剂	纯度	生产厂家
正丁胺	分析纯	上海阿拉丁生化科技股份有限公司
4-溴-1,8-萘二甲酸酐	分析纯	北京偶合科技有限公司
无水乙醇	分析纯	天津市富宇精细化工有限公司
乙二醇甲醚	分析纯	天津市富宇精细化工有限公司
水合肼	分析纯	天津市富宇精细化工有限公司
冰乙酸	分析纯	天津市富宇精细化工有限公司
马来酸酐	分析纯	北京偶合科技有限公司

4.2.3 目标化合物的合成

探针 4-1 的合成如图 4.1 所示。

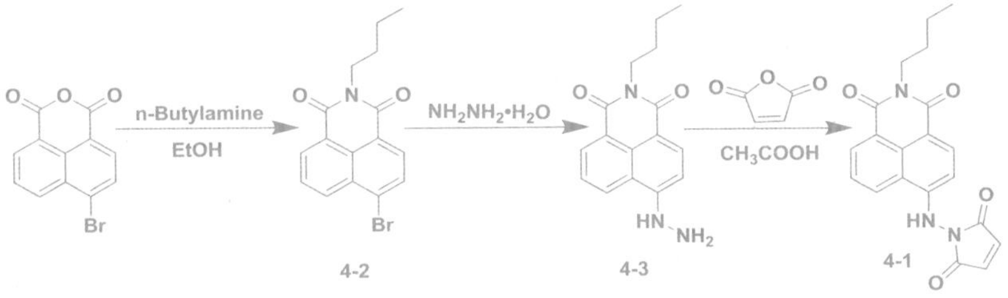

图 4.1 探针 4-1 的合成

Figure 4.1 Synthesis of probe 4-1

4.2.3.1 化合物 4-2 的合成

在装有乙醇（40 mL）的 100 mL 圆底烧瓶中，加入正丁胺（2.19 g，30 mmol）和 4-溴-1,8-萘二甲酸酐（8.29 g，30 mmol）并搅拌回流，TLC 监测反应进程，待反应完全后，减压除去溶剂，去离子水洗涤并真空干燥，粗产物用乙醇重结晶，得到白色固体 8.74 g，产率 88%。

表征数据：^{1}H NMR（DMSO-d6，600 MHz）：δ（ppm）：8.54（d，J = 7.2 Hz，1H），8.51（d，J = 8.7 Hz，1H），8.30（d，J = 7.6 Hz，1H），8.19（d，J = 7.7 Hz，1H），7.98（t，J = 7.8 Hz，1H），4.02（t，J = 7.3 Hz，2H），1.61（m，2H），1.35（m，2H），0.93（t，J = 7.4 Hz，3H）；^{13}C NMR（DMSO-d6，150 MHz）：δ（ppm）：163.2，163.2，133.0，131.9，131.7，131.3，130.1，129.5，129.2，128.6，123.1，122.3，30.0，20.3，14.2；ESI-MS m/z：[M + H]$^+$ Calcd. for $C_{16}H_{15}BrNO_2^+$ 332.0286；Found 332.0286。

4.2.3.2 化合物 4-3 的合成

在装有乙二醇甲醚（40 mL）的 100 mL 圆底烧瓶中加入化合物 4-2（6.62 g，20 mmol），缓慢滴加 2.4 mL 水合肼（80%，40 mmol），回流反应 7 h，析出大量棕黄色固体，待冷却至室温，减压抽滤，滤饼用去离子水洗涤并真空干燥，得到棕黄色固体

4.98 g，产率 88%。

表征数据：^{1}H NMR（DMSO-d6，600 MHz）：δ（ppm）：9.11（s，1H），8.61（d，J = 8.2 Hz，1H），8.41（d，J = 7.3 Hz，1H），8.28（d，J = 8.6 Hz，1H），7.63（t，J = 7.9 Hz，1H），7.24（d，J = 8.6 Hz，1H），4.67（s，2H），4.01（t，J = 7.3 Hz，2H），1.58（m，2H），1.33（m，2H），0.92（t，J = 7.4 Hz，3H）；^{13}C NMR（DMSO-d6，150 MHz）δ（ppm）：164.2，163.4，153.6，134.7，131.0，129.8，128.7，124.6，122.2，118.9，107.8，104.5，39.4，30.3，20.3，14.2；ESI-MS m/z：[M + H]$^+$ Calcd. for $C_{16}H_{18}N_3O_2^+$ 284.1399；Found 284.1403。

4.2.3.3 探针 4-1 的合成

在装有冰乙酸（20 mL）的 50 mL 圆底烧瓶中加入化合物 4-3（0.57 g，2 mmol）和马来酸酐（0.99 g，10 mmol），120 ℃下回流 4 h，反应完全后冷却至室温，析出大量固体。减压抽滤，滤饼用饱和碳酸钠溶液和去离子水洗涤，真空干燥得到目标探针化合物 0.53 g，产率 73%。

表征数据：^{1}H NMR（DMSO-d6，600 MHz）：δ（ppm）：8.60（d，J = 7.7 Hz，1H），8.56（d，J = 7.2 Hz，1H），8.28（d，J = 8.4 Hz，1H），7.89（t，J = 6.6 Hz，2H），7.37（s，2H），4.07（t，J = 7.4 Hz，2H），1.64（m，2H），1.37（dq，J = 14.8，7.4 Hz，2H），0.94（t，J = 7.4 Hz，3H）；^{13}C NMR（DMSO-d6，150 MHz）：δ（ppm）：170.5，163.7，163.3，135.8，134.5，131.6，130.9，130.4，129.1，128.7，128.4，123.3，123.1，40.5，30.1，20.3，14.2；ESI-MS m/z：[M + H]$^+$ Calcd. for $C_{20}H_{18}N_3O_4^+$ 364.1297；Found 364.1295。

◆4.3 探针 4-1 对硫醇的识别研究

4.3.1 探针 4-1 识别硫醇的选择性

优良的荧光探针必须具备良好的选择性，我们在 DMSO-

HEPES（10 mmol/L，pH-7.4，1∶1，V/V）缓冲溶液中研究了探针 4-1 对硫醇的选择性。从图 4.2 中可以看到，探针 4-1 本身的荧光非常微弱，当加入 1 当量的硫醇后，体系荧光显著增强，而加入 10 当量的其他分析物，如丙氨酸（Ala）、精氨酸（Arg）、天冬氨酸（Asp）、谷氨酰胺（Gln）、谷氨酸（Glu）、甘氨酸（Gly）、组氨酸（His）、异亮氨酸（Ile）、亮氨酸（Leu）、赖氨酸（Lys）、甲硫氨酸（Met）、苯丙氨酸（Phe）、脯氨酸（Pro）、丝氨酸（Ser）、苏氨酸（Thr）、色氨酸（Trp）、缬氨酸（Val）、转铁蛋白（transferrin）、卵清蛋白（ovalbumin）、溶菌酶（lysozyme）以及胰蛋白酶抑制剂（trypsin inhibitor），荧光光谱都没有发生明显的变化。虽然加入 10 当量牛血清白蛋白（BSA）以及含有三（2-羧乙基）膦还原剂的溶菌酶（lysozyme + TCEP）与探针作用之后荧光有所增强，但其荧光变化远不如加入 1 当量硫醇明显，因此可认为对硫醇检测不产生干扰。

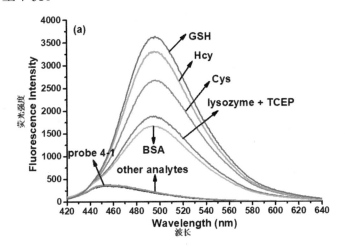

图 4.2　探针 4-1 与各类分析物作用的荧光发射光谱图（a）和荧光强度柱状图（b）

Figure 4.2 Fluorescence emission spectra (a) and optical density two-dimensional graph (b) of the probe 4-1 at 497 nm when all kinds of analytes added

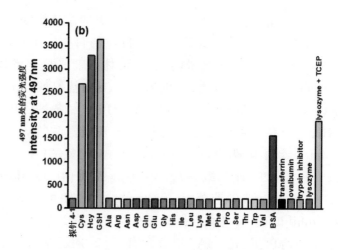

图 4.2 探针 4-1 与各类分析物作用的荧光发射光谱图（a）和荧光强度柱状图（b）（续）

Figure 4.2 Fluorescence emission spectra (a) and optical density two-dimensional graph (b) of the probe 4-1 at 497 nm when all kinds of analytes added

4.3.2 探针 4-1 识别硫醇的光谱

图 4.3 所示为在 DMSO-HEPES（10 mmol/L，pH=7.4，1∶1，V/V）缓冲溶液中探针 4-1 与硫醇的荧光滴定光谱图。从图 4.3（a）中可以看到，当激发波长为 390 nm 时，探针 4-1 本身有微弱的荧光，发射峰在 450 nm，而随着滴定反应过程，体系中 Cys（0～7.7 μmol/L）含量不断增加，反应体系在 497 nm 处的绿色荧光也逐渐增强。类似的，探针 4-1 对 Hcy、GSH、ME 表现出相似的荧光变化。

4.3.3 探针 4-1 识别硫醇的响应时间

我们研究了探针 4-1 识别硫醇的响应时间，结果表明，探针 4-1 与 Cys、Hcy 和 GSH 的反应均在 120 s 内趋于平衡，尤其是与 Cys 可以在不到 1 min 趋于稳定，表明在该实验条件下，探针 4-1 可与硫醇快速反应，这为定量检测硫醇含量提供了可靠依据（图 4.4）。

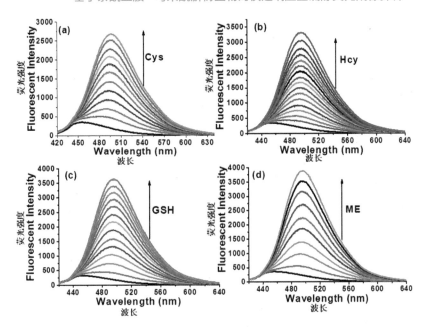

图 4.3 探针 4-1 分别与 Cys（a）、Hcy（b）、GSH（c）以及 ME（d）作用的荧光发射光谱图

Figure 4.3 Fluorescence spectra of probe 4-1（7 μmol/L）in the presence of various concentrations of Cys（a）, Hcy（b）, GSH（c）, ME（d）in DMSO-HEPES buffer（10 mmol/L, pH=7.4, 1∶1, V/V）and each line was recorded after 120 s.（λ_{ex} = 390 nm, slit: 5 nm/5 nm）

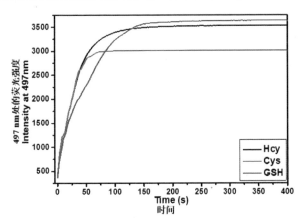

图 4.4 探针 4-1 分别与 10 当量的 Cys、Hcy 和 GSH 作用的响应时间研究

Figure 4.4 Time-dependent fluorescence response of probe 4-1 at 497 nm in the presence of 10 当量 uiv. Cys, Hcy and GSH

4.3.4 探针 4-1 识别硫醇的最适 pH

我们对探针 4-1 检测 Cys 的 pH 范围也作了研究。图 4.5 所示为不同 pH 条件下探针 4-1 本身和探针 4-1 加入 Cys 作用后的荧光强度变化图。从图中可以看出,在 DMSO-HEPES(10 mmol/L,1∶1,V/V)缓冲溶液中,探针 4-1 本身的荧光信号很稳定,基本不随 pH 的变化而变化。当溶液的 pH 范围在 4~11 时,探针 4-1 与 Cys 作用明显,并且当 pH 范围在 6~8 时,探针 4-1 和 Cys 反应之后荧光增强达到最大值。因此,我们选择与生理条件一致的 pH=7.4 来研究该探针的光谱性质。

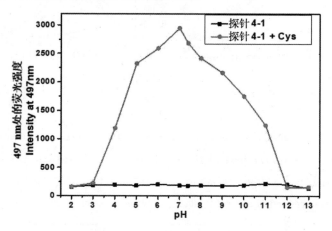

图 4.5 探针 4-1 与 Cys 作用的最适 pH 研究

Figure 4.5 The fluorescence intensity of probe 4-1(7 μmol/L) at 497 nm in the absence and presence of Cys under different pH in DMSO-HEPES buffer(10 mmol/L, 1∶1, V/V)(λ_{ex}= 390 nm, slit: 5 nm/5 nm)

4.3.5 探针 4-1 识别硫醇的检出限

为了研究探针 4-1 对 Cys、Hcy 和 GSH 的检出限,我们在相同条件下进行荧光滴定实验,发现当加入 1.1 当量的硫醇后荧光强度可以达到最高值。因此我们以 Cys 的浓度(0~7.7 μmol/L)为横坐标,以 497 nm 处的荧光强度的变化值($F-F_0$)为纵坐标作出如图 4.6 所示(a)的线性关系图,497 nm 处的荧光强度变化与

Cys 浓度成线性相关,根据 IUPAC(C_{DL} = 3 S_b/m)得到探针 4-1 对 Cys 的检出限为 0.045 μmol/L,同样的方法计算可得探针 4-1 对 Hcy 和 GSH 的检出限分别为 0.037 μmol/L 和 0.035 μmol/L。

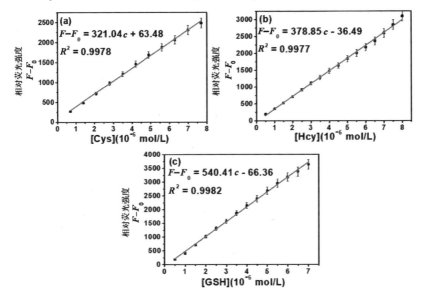

图 4.6 探针 4-1 分别与 Cys、Hcy 和 GSH 作用的相对荧光强度对浓度的线性关系

Figure 4.6 The linearity of the relative fluorescence intensity versus Cys (a), Hcy(b)and GSH(c)concentration

4.3.6 探针 4-1 识别硫醇的机理

基于之前的研究工作,我们推测探针 4-1 与硫醇的作用也是基于迈克尔加成机理,如图 4.7 所示,硫醇中的巯基亲核加成马来酰亚胺基团中的碳碳不饱和双键,弱化其吸电子效应,从而表现为荧光显著增强。我们选择与生物硫醇结构相似的 ME 进行机理研究,如图 4.8 所示,通过对比探针本身核磁氢谱以及加入 ME 反应后的氢谱发现,当在探针 4-1 中加入 1.0 当量的 ME 时,氢谱图上 7.30 ppm 处的碳碳不饱和双键的峰消失,而在 2.8 ~ 3.1 ppm 以及 4.36 ppm 处出现新的峰,这表明 ME 与马来酰亚胺不饱和双键发生了迈克尔加成反应。通过质谱方法来进一步验证反应机理,从探针与 ME 的加成产物质谱图(图 4.9)上

我们可以看到,(正离子模式) m/z = 442.1429 的峰对应于 [探针 4-1 + ME + H]$^+$。

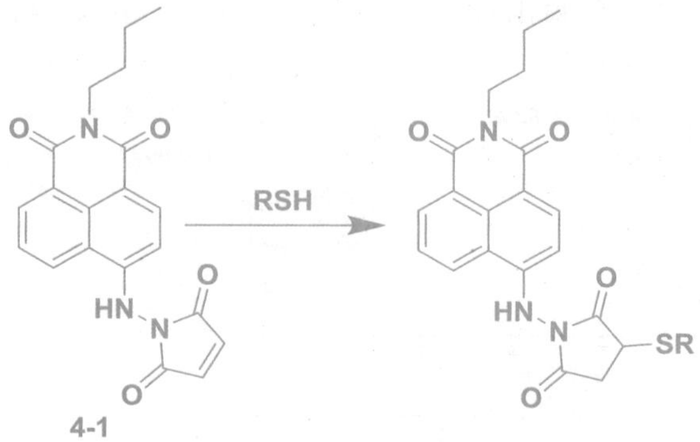

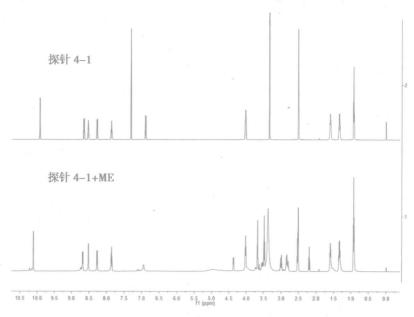

图 4.7　探针 4-1 识别硫醇的机理图

Figure 4.7 Proposed reaction mechanisms of probe 4-1 with thiols

图 4.8　探针 4-1 的核磁氢谱以及与 ME 加成产物的氢谱

Figure 4.8 ^{1}H NMR spectra of probe 4-1 and product obtained by probe 4-1 react with ME

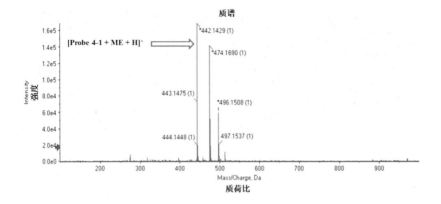

图 4.9 探针 4-1 与 ME 作用后的质谱图

Figure 4.9 The ESI-MS spectra of probe 4-1 with ME

4.3.7 探针 4-1 识别硫醇的细胞成像

为了研究探针 4-1 在活细胞中的细胞膜通透性和监测硫醇能力,我们开展了细胞共聚焦显微镜成像实验。如图 4.10(a)所示,用探针 4-1(7 μmol/L)孵育 HepG2 细胞 30 min 之后,细胞显示出很微弱的绿色荧光。在对照实验图 4.10(b)中,当用 NEM(40 μmol/L)预处理细胞 30 min,然后与探针 4-1(7 μmol/L)在相同条件下再孵育 30 min,观察到几乎没有荧光。在另一个实验图 4.10(c)中,先用 NEM(40 μmol/L)预处理细胞 30 min,然后与探针 4-1(7 μmol/L)在相同条件下再孵育 30 min,最后加入 Cys(7 μmol/L)孵育 30 min 后,HepG2 细胞显示强烈的绿色荧光。此外,由细胞成像实验可以观察到,探针 4-1 主要分散于细胞质中。以上结果表明探针 4-1 可以成功进入细胞并进行硫醇荧光标记。

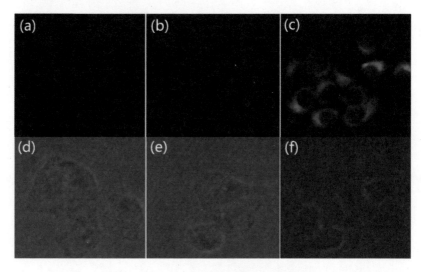

图 4.10 HepG2 细胞的荧光成像实验

Figure 4.10 Confocal fluorescence images of HepG2 cells in the presence of 7 μmol/L of probe 4-1 at 37 ℃ for 30 min (a) and their bright field images (d); HepG2 cells that were preincubated with 40 μmol/L NEM for 30 min and then treated with 7 μmol/L of probe 4-1 for 30 min (b) and their bright field images (e); HepG2 cells were pre-treated with NEM (40 μmol/L), then incubated with probe 4-1 (7 μmol/L) for 30 min at 37 ℃, and then incubated with Cys (7 μmol/L) for last 30 min (C) and their bright field images (f)

◆ 4.4 本章小结

综上所述,我们以萘酰亚胺为母体荧光团、马来酰亚胺识别基团设计合成了一种可对硫醇选择性快速响应的新型荧光探针 4-1。通过荧光光谱实验证明该探针可用于以高选择性、低检出限地快速检测生物硫醇。响应时间研究表明,探针 4-1 与 Cys、Hcy 和 GSH 的反应均在 120 s 内趋于平衡,尤其是与 Cys 可在不到 1 min 趋于平衡。激光共聚焦显微镜成像实验表明,探针 4-1 具有良好的细胞膜通透性,很容易通过细胞膜进入细胞,并且可以成功用于检测细胞内的硫醇。

第 5 章

基于萘酰亚胺-马来酰亚胺衍生物的 Cys 特异性荧光成像探针

◆ 5.1 引 言

  Cys 是细胞内含量最多的生物硫醇之一，在蛋白质合成以及维持蛋白质、细胞和有机体的氧化还原状态中发挥着重要的作用[181-182]。Cys 含量不足与多种综合症有关，比如儿童生长缓慢、毛发脱失、水肿、嗜睡、肝损伤、肌肉损伤、皮肤病变以及虚弱等[183]。另一方面，Cys 含量过高可能与许多神经性疾病有关[184]。到目前为止，只有少数探针能够特异性识别 Cys、Hcy 和 GSH[185]，由于三种生物硫醇有着相似的分子结构和化学性质，在生物体系中发挥着不同的作用，因此近年来开发荧光探针用于特异性识别 Cys 已经得到了越来越多的关注。

  基于之前的研究工作，我们设计合成了两种基于萘酰亚胺为荧光团的同分异构体衍生物(5-1 和 5-7),并且研究了它们对硫醇的识别性能。结果表明,探针 5-1 能作为一种有效的特异性识别 Cys 的 off-on 型荧光成像探针,而在相同检测条件下,化合物 5-7 对硫醇及氨基酸等没有任何响应。

◆ 5.2 实验部分

5.2.1 主要实验仪器

主要实验仪器见 5-1。

表 5-1　主要实验仪器

仪器	生产厂家
Olympus FV1000 激光扫描共聚焦显微镜	日本奥林巴斯株式会社
Bruker AVANCE-600 MHz 核磁共振波谱仪	美国布鲁克(BRUKER)公司
Bruker AVANCE-150 MHz 核磁共振波谱仪	美国布鲁克(BRUKER)公司
Agilent 8453 紫外-可见分光光度计	美国安捷伦科技有限公司
日立 F-7000 荧光分光光度计	日本日立高新技术公司
FE20-Five Easy Plus^{TM} 酸度计	瑞士梅特勒-托利多集团
ME204E 电子天平天平	瑞士梅特勒-托利多集团
WD-9403E 型手提紫外灯	北京六一生物科技有限公司
PO-120 石英比色皿	上海华美实验仪器厂
Triple TOF 5600^{plus} 高分辨飞行时间质谱仪	美国 AB SCIEX 公司

5.2.2 主要实验试剂

主要实验试剂见表 5-2。

表 5-2　主要实验试剂

试剂	纯度	生产厂家
$Na_2Cr_2O_7 \cdot 2H_2O$	分析纯	天津市凯通化学试剂有限公司
5-硝基苊	分析纯	上海阿拉丁生化科技股份有限公司
$SnCl_2 \cdot 2H_2O$	分析纯	上海阿拉丁生化科技股份有限公司
正丁胺	分析纯	上海阿拉丁生化科技股份有限公司

续表

试剂	纯度	生产厂家
3-硝基-1,8-萘二甲酸酐	分析纯	北京偶合科技有限公司
NaOH	分析纯	天津市津东天正精细化工试剂厂
Na_2CO_3	分析纯	天津市恒兴化工有限公司
Na_2SO_4	分析纯	天津市恒兴化工有限公司
冰乙酸	分析纯	天津市富起化工有限公司
石油醚	分析纯	天津市富宇精细化工有限公司
无水乙醇	分析纯	天津市富宇精细化工有限公司

5.2.3 目标化合物的合成

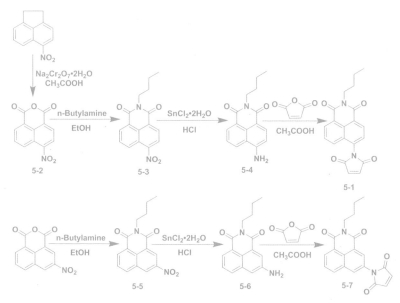

图 5.1 探针 5-1 和化合物 5-7 的合成

Figure 5.1 Synthesis of probe 5-1 and compound 5-7

5.2.3.1 化合物 5-2 的合成

$Na_2Cr_2O_7 \cdot 2H_2O$（44.70 g，150 mmol）加入到 200 mL 冰乙酸中，搅拌加热，然后加入 5-硝基苊（11.95 g，60 mmol）。混合溶液过夜回流，然后倒入 1000 mL 冰水中，析出大量固体，减压

抽滤并用去离子水反复洗涤,真空干燥得到固体。粗产物经硅胶色谱柱分离(洗脱剂为二氯甲烷:石油醚=1:1, V/V),得到浅黄色固体 5-2(9.92 g,40.8 mmol),产率为68%。

表征数据:^{1}H NMR(DMSO-d6, 600 MHz):δ(ppm):8.77(d, J = 8.7 Hz, 1H), 8.67(d, J = 7.9 Hz, 1H), 8.64(d, J = 7.9 Hz, 1H), 8.58(d, J = 7.9 Hz, 1H), 8.13(t, J = 16.2 Hz, 1H);^{13}C NMR(DMSO-d6, 150 MHz):δ(ppm):160.6, 159.9, 150.1, 133.7, 131.5, 131.1, 130.8, 130.3, 124.9, 124.6, 123.3, 120.6;ESI-MS m/z:[M + H]$^+$ Calcd. for $C_{12}H_6NO_5^+$ 244.0240;Found 244.0247。

5.2.3.2 化合物 5-3 的合成

在化合物 5-2(5.67 g,19 mmol)的乙醇溶液(100 mL)中,逐滴加入正丁胺(3.12 g,32 mmol)。反应完全后,减压蒸馏除去溶剂,粗产物经硅胶色谱柱分离(洗脱剂为二氯甲烷),得到浅黄色固体 5-3(3.57 g,12 mmol),产率为63%。

表征数据:^{1}H NMR(DMSO-d6, 600 MHz):δ(ppm):8.68(d, J = 8.7 Hz, 1H), 8.61(d, J = 7.3 Hz, 1H), 8.58(d, J = 8.0 Hz, 1H), 8.54(d, J = 7.9 Hz, 1H), 8.08(t, J = 7.9 Hz, 1H), 4.04(t, J = 14.4 Hz, 2H), 1.63(m, 2H), 1.37(m, 2H), 0.93(t, J = 7.3 Hz, 3H);^{13}C NMR(DMSO-d6, 150 MHz):δ(ppm):163.3, 162.5, 149.5, 132.1, 130.6, 130.0, 129.2, 128.7, 127.0, 124.7, 123.1, 40.2, 30.0, 20.3, 14.2;ESI-MS m/z:[M + H]$^+$ Calcd. for $C_{16}H_{15}N_2O_4^+$ 299.1026;Found 299.1033。

5.2.3.3 化合物 5-4 的合成

将 $SnCl_2 \cdot 2H_2O$(16.92 g,75 mmol)溶解到浓盐酸(30 m/L)中,加入化合物 5-3(4.47 g,15 mmol),混合物回流 10 h。冷却到室温后,用 5 mol/L 的 NaOH 中和多余的酸,乙酸乙酯萃取,有机相用无水 Na_2SO_4 干燥,减压蒸馏除去溶剂。粗产物经硅胶色谱柱分离(洗脱剂为乙酸乙酯:石油醚=3:1, V/V),得到棕黄色固体 5-4（2.09 g，7.8 mmol），产率为 52%。

表征数据：^{1}H NMR（DMSO-d6，600 MHz）：δ（ppm）：8.61（d，J = 8.4 Hz，1H），8.42（d，J = 7.2 Hz，1H），8.19（d，J = 8.3 Hz，1H），7.65（t，J = 7.8 Hz，1H），7.44（s，2H），6.85（d，J = 8.3 Hz，1H），4.01（t，J = 7.3 Hz，2H），1.58（m，2H），1.33（m，2H），0.92（t，J = 7.3 Hz，3H）；^{13}C NMR（DMSO-d6，150 MHz）：δ（ppm）：164.2，163.3，153.1，134.4，131.4，130.1，129.7，124.4，122.3，119.8，108.6，108.0，39.4，30.3，20.3，14.2；ESI-MS m/z：[M + H]$^+$ Calcd. for $C_{16}H_{17}N_2O_2^+$ 269.1285；Found 269.1287。

5.2.3.4 探针 5-1 的合成

5-4（0.54 g，2 mmol）和马来酸酐（0.99 g，10 mmol）溶于 20 mL 冰乙酸中加热回流 4 h 得到 5-1。得到的清液冷却浓缩，减压抽滤，滤饼用饱和碳酸钠溶液和去离子水洗涤并真空干燥，粗产物经硅胶色谱柱分离（洗脱剂为二氯甲烷），得到白色固体（0.51 g，1.46 mmol），产率为 73%。

表征数据：^{1}H NMR（DMSO-d6，600 MHz）：δ（ppm）：8.60（d，J = 7.7 Hz，1H），8.56（d，J = 7.2 Hz，1H），8.28（d，J = 8.4 Hz，1H），7.89（t，J = 6.6 Hz，2H），7.37（s，2H），4.07（t，J = 7.4 Hz，2H），1.64（m，2H），1.37（dd，J = 14.8，7.4 Hz，2H），0.94（t，J = 7.4 Hz，3H）；^{13}C NMR（DMSO-d6，150 MHz）：δ（ppm）：170.5，163.7，163.3，135.8，134.5，131.6，130.9，130.4，129.1，128.7，128.4，123.3，123.1，40.5，30.1，20.3，14.2；ESI-MS m/z：[M + H]$^+$ Calcd. for $C_{20}H_{17}N_2O_4^+$ 349.1183；Found 349.1188。

5.2.3.5 化合物 5-5 的合成

3-硝基-1,8-萘二甲酸酐（2.43 g，10 mmol）的乙醇溶液（20 mL）中，逐滴加入正丁胺（1.04 g，10.7 mmol）。反应完成后，减压蒸馏除去溶剂，粗产物经硅胶色谱柱分离（洗脱剂为二氯甲烷），纯化得到浅黄色固体 5-5（2.21 g，7.4 mmol），产率 74%。

表征数据：^{1}H NMR（DMSO-d6，600 MHz）：δ（ppm）：9.45（d，J = 2.2 Hz，1H），8.91（d，J = 2.2 Hz，1H），8.75（d，J = 7.8 Hz，1H），8.65（dd，J = 7.3，1.0 Hz，1H），8.04（t，J = 7.8 Hz，1H），4.04（t，J = 7.4 Hz，2H），1.63（m，2H），1.37（m，2H），0.94（t，J = 7.4 Hz，3H）；^{13}C NMR（DMSO-d6，150 MHz）：δ（ppm）：163.1，162.6，146.2，136.7，134.3，131.2，130.0，129.8，129.7，124.3，123.2，122.9，40.2，30.0，20.3，14.2。

5.2.3.6 化合物 5-6 的合成

$SnCl_2 \cdot 2H_2O$（3.38 g，15 mmol）溶解到浓盐酸（15 mL）中。加入化合物 5-5（1.47 g，5 mmol），混合物回流 10 h，反应完全后冷却到室温后，用 5 M 的 NaOH 中和多余的酸，用乙酸乙酯萃取，有机相用无水 Na_2SO_4 干燥，减压蒸馏除去溶剂。粗产物经硅胶色谱柱分离（洗脱剂为乙酸乙酯：石油醚 =3：1，V/V），得到棕色固体 5-6（0.79 g，2.95 mmol），产率为 59%。

表征数据：^{1}H NMR（DMSO-d6，600 MHz）：δ（ppm）：8.08（d，J = 7.2，0.8 Hz，1H），8.04（d，J = 8.1 Hz，1H），7.97（d，J = 2.3 Hz，1H），7.62（dd，J = 8.1，7.3 Hz，1H），7.28（d，J = 2.3 Hz，1H），6.01（s，2H），4.02（t，J = 7.8 Hz，2H），1.59（m，2H），1.35（m，2H），0.93（t，J = 7.4 Hz，3H）；^{13}C NMR（DMSO-d6，150 MHz）：δ（ppm）：164.2，164.0，148.4，134.0，131.9，127.4，125.8，123.0，122.2，122.2，121.0，112.1，30.2，20.3，14.2；ESI-MS m/z：[M－H]- Calcd. for $C_{16}H_{16}N_2O_2$- 267.12；Found 267.83。

5.2.3.7 化合物 5-7 的合成

5-6（0.54 g，2 mmol）和马来酸酐（0.99 g，10 mmol）溶于 20 mL 冰乙酸中加热回流 4 h 得到 5-7。得到的清液冷却浓缩，减压抽滤，滤饼用饱和碳酸钠溶液和去离子水洗并真空干燥，粗产物经硅胶色谱柱分离（洗脱剂为二氯甲烷），得到白色固体 5-7（0.53 g，1.52 mmol），产率为 76%。

表征数据：^{1}H NMR（DMSO-d6，600 MHz）：δ（ppm）：8.52（dd，J = 10.4，4.8 Hz，1H），8.46（d，J = 1.4 Hz，1H），7.92（t，J = 7.7 Hz，1H），7.31（s，1H），4.06（t，J = 7.4 Hz，2H），1.63（m，2H），1.37（m，2H），0.93（t，J = 7.4 Hz，3H）；^{13}C NMR（DMSO-d6，150 MHz）：δ（ppm）：170.2，163.7，163.4，135.5，134.7，131.9，131.5，131.3，130.8，129.3，128.4，126.6，123.5，122.7，40.5，30.1，20.3，14.2；ESI-MS m/z：[M－H]− Calcd. for $C_{20}H_{15}N_2O_4$− 347.11；Found 348.00。

◆ 5.3 探针 5-1 对硫醇的识别研究

5.3.1 探针 5-1 识别硫醇的选择性

我们所合成的探针 5-1 和化合物 5-7 是两个同分异构体，由于马来酰亚胺基团共轭连接在萘酰亚胺的不同位置，可能对硫醇具有不同的识别效果，因此我们研究了探针 5-1 和化合物 5-7 对不同种类分析物的光谱响应，包括三种生物硫醇、ME，以及其他氨基酸，如图 5.2 所示，探针 5-1 本身几乎没有荧光，当加入 Cys 后，可以观察到明显的荧光强度增强，而加入 Hcy、GSH、ME 以及其他氨基酸，都不会引起荧光信号的明显变化，表明探针 5-1 可用于特异性识别检测 Cys。

如图 5.3 所示，通过研究化合物 5-7 与硫醇作用的荧光光谱变化，我们发现化合物 5-7（10 μmol/L）在 540 nm 处有一个很小的发射峰。然而，随着硫醇的加入，化合物 5-7 的荧光发射强度并没有发生明显的变化，表明其无法与硫醇发生迈克尔加成反应，这可能是因为萘酰亚胺 3-位的活性远低于 4-位，导致 3-位的马来酰亚胺基团很难与巯基亲核加成。因此在接下来的工作中我们选择探针 5-1 作为识别硫醇的研究对象。

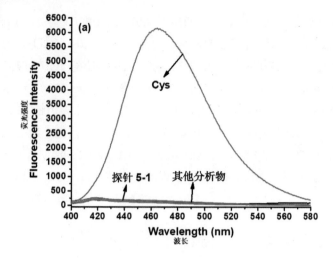

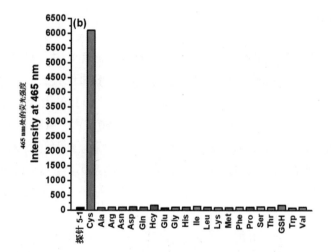

图 5.2 探针 5-1 与各类分析物作用的荧光发射光谱图（a）和荧光柱状图（b）

Figure 5.2 Fluorescence emission spectra (a) and optical density two-dimensional graph (b) of probe 5-1 at 465 nm when all kinds of analytes added

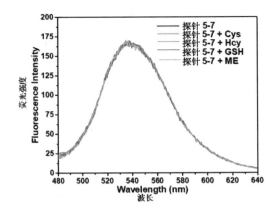

图 5.3 化合物 5-7 与硫醇作用的荧光发射光谱

Figure 5.3 Fluorescence emission spectra of compound 5-7 (10 μmol/L) in DMSO-HEPES buffer (10 mmol/L, pH 7.4, 1∶1, *V/V*) in the presence of 50 μmol/L Cys, Hcy, GSH and ME

5.3.2 探针 5-1 识别硫醇的光谱

如图 5.4 所示,我们开展了探针 5-1（2 μmol/L）与 Cys（0～2 μmol/L）的荧光滴定实验,在 DMSO-HEPES（10 mmol/L, pH=7.4, 1∶1, *V/V*）的缓冲溶液中,当激发波长为 369 nm 时,随着 Cys 浓度的增加,能观察到 465 nm 处的荧光强度逐渐增强。

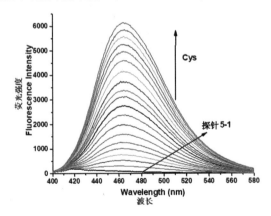

图 5.4 探针 5-1 与 Cys 作用的荧光发射光谱图

Figure 5.4 Fluorescence spectra of probe 5-1 (2 μmol/L) in the presence of various concentrations of Cys (0～2 μmol/L) in DMSO-HEPES buffer (10 mmol/L, pH 7.4, 1∶1, *V/V*)(λ_{ex} = 369 nm, slit: 5 nm/5 nm)

5.3.3 探针 5-1 识别硫醇的响应时间

我们对探针 5-1 与 Cys 的响应时间进行了研究,如图 5.5 所示,在含有探针 5-1 的 DMSO-HEPES(10 mmol/L,pH=7.4,1∶1,V/V)的缓冲溶液中加入 10 当量的 Cys,并在荧光发射光谱上测定其响应时间,结果表明,在所选择的实验条件下,探针 5-1 与 Cys 的反应非常迅速,在 100 s 内荧光强度趋于稳定,表明反应达到平衡。

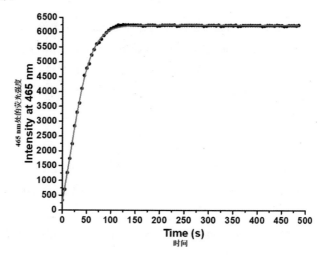

图 5.5 探针 5-1 与 Cys 的响应时间研究

Figure 5.5 Time-dependent fluorescence response of probe 5-1(2 μmol/L) at 465 nm in the presence of 10 当量 uiv Cys

5.3.4 探针 5-1 识别硫醇的最适 pH

体系的 pH 值是影响反应的重要因素,因此我们研究了探针 5-1 识别 Cys 的最适 pH。如图 5.6(a)所示,随着 pH 值的增加,探针 5-1 的荧光性质很稳定。在 pH 值为 6.0 ~ 12.0 的范围内,随着 Cys 的加入,探针 5-1 的体系荧光有明显的增强。因此,探针 5-1 在 pH 值为 6.0 ~ 12.0 的范围内可以有效识别 Cys,生理 pH(7.4)能够被用作进一步的研究。

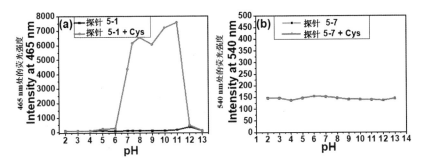

图 5.6 探针 5-1 和化合物 5-7 分别与 Cys 作用的最适 pH 研究

Figure 5.6 (a) The fluorescence intensity of probe 5-1 (2 μmol/L) at 465 nm in the absence and presence of Cys under different pH (λ_{ex} = 369 nm; Slit: 5 nm/5 nm). (b) The fluorescence intensity of compound 5-7 (10 μmol/L) at 540 nm in the absence and presence of Cys under different pH (λ_{ex} = 450 nm; Slit: 5 nm/5 nm)

5.3.5 探针 5-1 识别硫醇的检出限

图 5.7 所示为探针 5-1 与 Cys 作用的相对荧光强度对 Cys 浓度的线性关系图,由图中可以看出,体系的相对荧光强度与加入的 Cys 浓度呈现出良好的线性关系。根据 IUPAC (C_{DL} = 3 S_b/m) 得到探针 5-1 对 Cys 的检出限为 0.064 μmol/L。

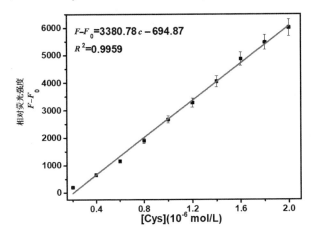

图 5.7 探针 5-1 与 Cys 作用的相对荧光强度对浓度的线性关系

Figure 5.7 The linearity of the relative fluorescence intensity versus Cys concentration

5.3.6 探针 5-1 识别硫醇的机理

马来酰亚胺连接基团具有很强的吸电子性,可以显著降低荧光团的荧光,基于之前的工作,我们推测,由于 Cys 的强亲核性,当 Cys 加成使得缺电子的双键变得饱和,萘酰亚胺衍生物的荧光恢复(图 5.8)。通过质谱方法分析探针 5-1 和 Cys 在甲醇中反应得到的产物,可以清楚地观察到质荷比在 470.1393 处的离子峰与 [5-1-Cys+H]$^+$ 相对应(图 5.9)。

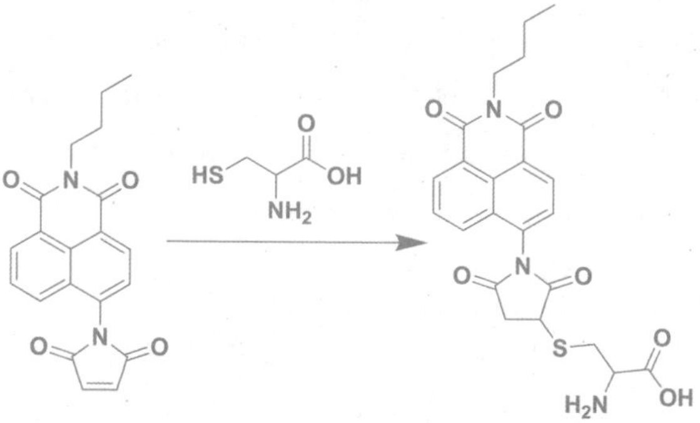

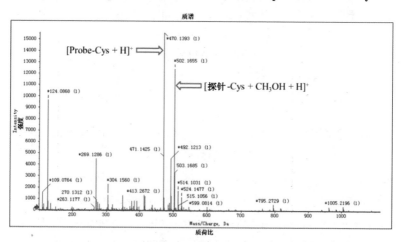

图 5.8　探针 5-1 识别 Cys 的机理图

Figure 5.8 Proposed reaction mechanism of probe 5-1 with Cys

图 5.9　探针 5-1 与 Cys 作用后的质谱图

Figure 5.9 The ESI-MS spectra of 5-1 with Cys

通过核磁共振氢谱分析进一步证明了该反应机理,在含有探针 5-1 的氘代 DMSO 中,加入 1 当量的 Cys,发现在 7.37 ppm 的烯氢共振峰消失,同时在 4.41、3.02~3.13 ppm 处出现新峰(图 5.10)。因此,探针 5-1 与 Cys 的反应机理是基于迈克尔加成反应机理。

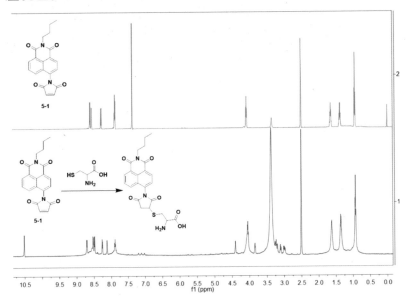

图 5.10　探针 5-1 与 Cys 作用的加成产物核磁共振氢谱图

Figure 5.10 ^{1}H NMR spectra of product obtained by probe 5-1 react with Cys

5.3.7　探针 5-1 识别硫醇的细胞成像

鉴于探针 5-1 对 Cys 识别的特异性和较低的检出限,我们研究了探针 5-1 是否可以在活细胞中检测 Cys(图 5.11)。在选择的实验条件下,MCF-7 细胞在培养基中用探针 5-1(5 μmol/L)在 37 ℃下培养 30 min,显现出青色荧光。同时,对照实验中的 MCF-7 细胞先用 NEM(10 μmol/L)培养以除去细胞内的硫醇,然后继续用探针 5-1(5 μmol/L)在培养基中于 37 ℃下培养 30 min,细胞中没有荧光,表明探针 5-1 具有良好的细胞膜通透性,并且可以对细胞内的硫醇进行荧光标记。在进一步实验中,MCF-7 细胞先用 NEM(10 μmol/L)进行预处理,然后用探针 5-1(5 μmol/L)进行培养,最后分别用 Hcy(5 μmol/L)和 Cys(5 μmol/L)进行培养,结果发现用 Hcy 培养的细胞没有荧光,而用 Cys 培养的细胞显现出青色荧光,表明了探针 5-1 可特异性检测活细胞中的 Cys。

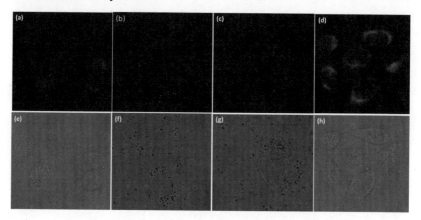

图 5.11 MCF-7 细胞成像实验

Figure 5.11 Confocal fluorescence images of MCF-7 cells in presence (a) of 5 μmol/L of probe and bright field images (e), MCF-7 cells that were pre-incubated with 10 μmol/L NEM for 30 min and then treated with 5 μmol/L of probe for 30 min (b) and their bright field images (f). MCF-7 cells were pre-treated with 10 μmol/L NEM, then incubated with probe (5 μmol/L) for 30 min, incubated lastly with 5 μmol/L Hcy (c) and 5 μM Cys (d), and their bright field images (g and h)

◆5.4 本章小结

我们研究了 1,8-萘酰亚胺上的马来酰亚胺基团的不同取代位置对硫醇的识别能力,结果表明,在 DMSO-HEPES(10 mmol/L, pH=7.4,1∶1, V/V)的缓冲溶液中,探针 5-1 可以特异性检测识别 Cys,而化合物 5-7 的荧光随着 Cys 的加入几乎没有变化。因此,探针 5-1 能够作为一种特异性识别 Cys 的 off-on 荧光探针,在 Cys 存在时可以观察到约 65 倍的荧光增强现象。此外,在实验条件下,探针 5-1 与 Cys 的反应可在 100 s 内趋于平衡,响应时间短,反应速率快,且适用于较宽的 pH 范围,并成功应用于 MCF-7 细胞共聚焦荧光成像实验。

第 6 章

基于萘酰亚胺 – 香豆素组合型衍生物比率识别 Cys/Hcy 的荧光成像探针

◆ 6.1 引 言

三种生物硫醇具有极其相似的结构和反应特征,目前对于生物硫醇的区分和特异性识别仍然是科研工作者们面临的巨大难题。由于硫醇具有不同的生理功能,开发具有高度选择性的荧光探针用于区分识别硫醇具有极其重要的意义。

鉴于 Cys/Hcy 和 GSH 的空间结构及亲核能力的差异,我们设计合成了一种萘酰亚胺 – 香豆素双荧光团共轭组合型衍生物,并推测引入的香豆素结构可以作为 Cys/Hcy 潜在的反应位点,光谱实验表明探针 6-1 可用于特异性比率型识别 Cys/Hcy。通过核磁滴定和液质联用方法,我们推测该反应机理为 Cys/Hcy 催化分子内脱羧(第一阶段),进一步诱导分子内开环(第二阶段),表现出荧光发射波长的显著红移。第一阶段反应迅速,可能是由于 Cys/Hcy 具有较小的空间结构和较强的亲核能力,随着 Cys/Hcy 与探针的迈克尔加成过程中 α-H 的出现,β-酮酸会发生六元环过渡态重排,发生分子内脱羧反应,进而由于烯醇互变异构,重新释放出 Cys/Hcy,起到了催化剂的作用。这与 Neunhoeffer 和 Paschke[186-187] 的报道相吻合,即具有 α-H 的 β-酮酸易发生分子内脱羧反应。第二阶段由于发生分子内酯环开环反应,导致紫外吸收和荧光发射显著变化。探针 6-1 对 Cys/Hcy 表现出高灵敏度和高选择性,并成功应用于活细胞和斑马鱼体内的 Cys/Hcy 的识别检测。

◆6.2 实验部分

6.2.1 主要实验仪器

主要实验仪器见表 6-1。

表 6-1 主要实验仪器

仪器	生产厂家
Olympus FV1200 激光扫描显微镜	日本奥林巴斯株式会社
Zeiss LSM880 超高分辨率激光共聚焦显微镜	德国卡尔·蔡司股份公司
Bruker AVANCE-300 MHz 核磁共振波谱仪	美国布鲁克(BRUKER)公司
Bruker AVANCE-600 MHz 核磁共振波谱仪	美国布鲁克(BRUKER)公司
日立 U-3900 紫外-可见分光光度计	日本日立高新技术公司
日立 F-7000 荧光分光光度计	日本日立高新技术公司
FE20-Five Easy Plus™ 酸度计	瑞士梅特勒-托利多集团
ME204E 电子天平天平	瑞士梅特勒-托利多集团
Triple TOF 5600^{plus} 高分辨飞行时间质谱仪	美国 AB SCIEX 公司
Waters UPLC 超高效液相色谱仪	美国沃特世(Waters)公司

6.2.2 实验试剂

实验试剂见表 6-2。

表 6-2 实验试剂

试剂	纯度	生产厂家
三氟乙酸	分析纯	北京偶合科技有限公司
甲醇钠	分析纯	上海阿拉丁生化科技股份有限公司
氢碘酸	分析纯	上海阿拉丁生化科技股份有限公司
丙二酸二乙酯	分析纯	上海阿拉丁生化科技股份有限公司
甲醇	分析纯	天津市富宇精细化工有限公司
无水乙醇	分析纯	天津市富宇精细化工有限公司
乌洛托品	分析纯	天津市恒兴化学试剂制造有限公司
盐酸	分析纯	天津市富宇精细化工有限公司

6.2.3 目标化合物的合成

探针 6-1 的合成如图 6.1 所示。

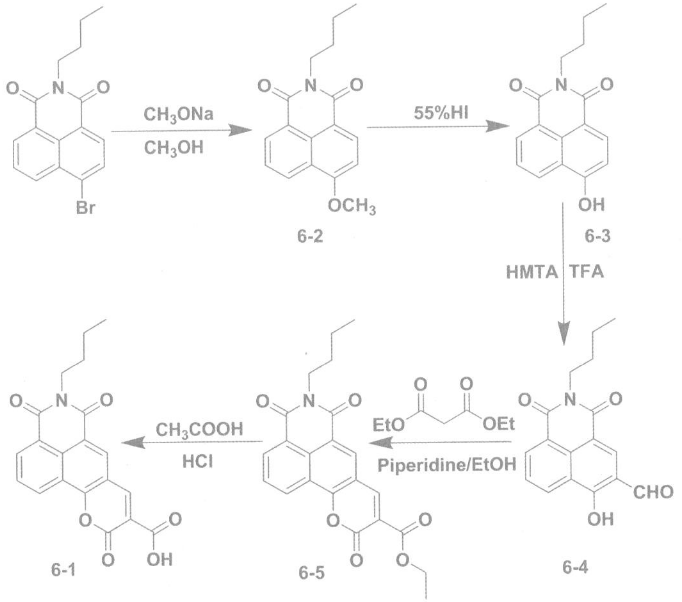

图 6.1 探针 6-1 的合成

Figure 6.1 Synthesis of probe 6-1

6.2.3.1 化合物 6-2 的合成

在装有 40 mL 甲醇的 100 mL 圆底烧瓶中加入 N-正丁基-1,8-萘二甲酸酐(6.62 g,20 mmol)、甲醇钠(1.36 g,20 mmol)以及催化量的 $CuSO_4 \cdot 5H_2O$,回流反应 8 h,反应结束后减压蒸馏除去溶剂,并缓慢加入 40 mL 稀盐酸(1 mol/L),常温下搅拌 0.5 h,减压抽滤,滤饼用去离子水反复洗涤后真空干燥,粗产品经硅胶色谱柱分离(洗脱剂为二氯甲烷),得到白色固体 4.39 g,产率 87 %。

表征数据:^1H NMR(DMSO-d6, 600 MHz):δ(ppm):8.49(d, J = 8.3 Hz, 1H), 8.46(d, J = 7.2 Hz, 1H), 8.42(d, J = 8.2 Hz, 1H), 7.79(t, J = 7.8 Hz, 1H), 7.29(d, J = 8.3 Hz, 1H), 4.12(s, 3H), 4.01(t, J = 7.4 Hz, 2H), 1.60(m, 2H), 1.35(m, J = 14.8, 7.4 Hz, 2H), 0.93(t, J = 7.4 Hz, 3H). ^{13}C NMR(DMSO-d6, 150 MHz):δ(ppm):164.0, 163.4, 160.7, 133.7, 131.5, 129.0, 128.7, 126.8, 123.2, 122.3, 114.7, 106.7, 57.1, 30.2, 20.3, 14.2. ESI-MS m/z:$[M + H]^+$ Calcd. for $C_{17}H_{18}NO_3^+$ 284.1281; Found 284.1286。

6.2.3.2 化合物 6-3 的合成

在 50 mL 圆底烧瓶中,加入化合物 6-2(4.25 g,15 mmol),缓慢加入氢碘酸(55%, 20 mL),避光 140 ℃条件下回流反应 7 h,冷却至室温并缓慢倒入 200 mL 冰水中,减压抽滤,滤饼用去离子水反复洗涤后真空干燥,粗产物经乙醇重结晶得到淡黄色晶体 3.75 g,产率 93 %。

表征数据:^1H NMR(DMSO-d6, 600 MHz):δ(ppm):11.88(s, 1H), 8.54(d, J = 8.3 Hz, 1H), 8.48(d, J = 7.2 Hz, 1H), 8.36(d, J = 8.1 Hz, 1H), 7.77(t, J = 7.7 Hz, 1H), 7.16(d, J = 8.1 Hz, 1H), 4.02(t, J = 7.3 Hz, 2H), 1.60(m, 2H), 1.34(m, 2H), 0.92(t, J = 7.3 Hz, 3H). ^{13}C NMR(DMSO-d6, 150 MHz):δ(ppm):164.1, 163.5, 160.7, 134.0, 131.6, 129.6, 129.3, 126.1, 122.8, 122.3, 113.1, 110.4, 30.2, 20.3,

14.2. ESI-MS m/z：$[M + H]^+$ Calcd. for $C_{16}H_{16}NO_3^+$ 270.1125；Found 270.1136。

6.2.3.3 化合物 6-4 的合成

在装有三氟乙酸（20 mL）的 50 mL 圆底烧瓶中加入化合物 6-3（2.69 g，10 mmol）和六次甲基四胺（7.01 g，50 mmol），混合物在 120 ℃条件下回流反应 10 h，反应完全后冷却至室温，反应液缓慢倒入 50 mL 稀盐酸（1 mol/L）溶液中，常温搅拌过夜，析出大量固体，减压抽滤，滤饼用去离子水反复洗涤并真空干燥。粗产物经硅胶色谱柱分离（洗脱剂为二氯甲烷），并用无水乙醇重结晶，得到淡黄色固体 2.58 g，产率 87%。

表征数据：^{1}H NMR（DMSO-d6，600 MHz）：δ（ppm）：10.37（s，1H），8.70（m，2H），8.57（d，J = 7.3 Hz，1H），7.87（t，J = 7.8 Hz，1H），4.02（t，J = 7.4 Hz，2H），1.60（m，2H），1.35（d，J = 14.8，7.5 Hz，2H），0.93（t，J = 7.4 Hz，3H）。^{13}C NMR（DMSO-d6，150 MHz）：δ（ppm）：194.5，165.1，163.7，163.0，134.0，133.2，131.7，130.5，127.4，124.0，122.8，117.6，113.6，30.1，20.3，14.2。ESI-MS m/z：$[M + H]^+$ Calcd. for $C_{17}H_{16}NO_4^+$ 298.1074；Found 298.1080。

6.2.3.4 化合物 6-5 的合成

将化合物 6-4（1.49 g，5.0 mmol）与丙二酸二乙酯（3.2 mL，20 mmol）溶解在 60 mL 无水乙醇中，缓慢滴加哌啶（200 μL），混合液回流反应 4 h，然后冷却至室温，析出大量固体，减压抽滤，滤饼用冰乙醇洗涤并真空干燥，得白色固体 1.18 g，产率 60%。

表征数据：^{1}H NMR（DMSO-d6，600 MHz）：δ（ppm）：9.16（s，1H），8.96（s，1H），8.78（d，J = 8.3 Hz，1H），8.67（d，J = 7.3 Hz，1H），8.02～8.07（m，1H），4.36（dd，J = 14.2，7.1 Hz，2H），4.09～4.03（m，2H），1.64（dt，J = 15.1，7.5 Hz，2H），1.37（dt，J = 14.2，7.4 Hz，5H），0.94（t，J = 7.4 Hz，3H）。^{13}C NMR（DMSO-d6，150 MHz）：δ（ppm）：163.5，162.9，162.8，156.2，155.6，149.8，133.6，132.0，130.0，

129.1, 128.9, 123.1, 120.9, 119.1, 118.6, 115.1, 62.0, 30.1, 20.3, 14.6, 14.2. ESI-MS m/z：$[M + H]^+$ Calcd. for $C_{22}H_{20}NO_6^+$ 394.1285；Found 394.1284。

6.2.3.5 探针 6-1 的合成

将化合物 6-5（0.79 g，2 mmol）分散于 15 mL 浓盐酸和 15 mL 冰乙酸的混合溶液中，加热回流反应 4 h。反应完成后，冷却至室温，随后缓慢倒入 200 mL 冰水中并搅拌 1 h，减压抽滤，滤饼用去离子水反复洗涤并真空干燥，即得目标化合物 0.70 g，产率 92%。

表征数据：^{1}H NMR（$CDCl_3$-d_1，600 MHz）：δ（ppm）：11.78（s，1H），9.20（s，1H），8.92（d，J = 9.4 Hz，1H），8.87（d，J = 7.3 Hz，1H），8.83（s，1H），8.03 ~ 8.07（m，1H），4.21 ~ 4.25（m，2H），1.75（dd，J = 15.3，7.7 Hz，2H），1.49（dd，J = 15.1，7.5 Hz，2H），1.02（t，J = 7.4 Hz，3H）。^{13}C NMR（$CDCl_3$-d_1，150 MHz）：δ（ppm）：163.1，162.8，162.4，161.5，155.4，151.6，134.8，130.8，130.7，129.1，128.7，123.4，121.1，115.9，115.0，40.7，30.1，20.4，13.8. ESI-MS m/z：$[M + H]^+$ Calcd. for $C_{20}H_{16}NO_6^+$ 366.0972；Found 366.0976。

◆6.3 探针 6-1 对硫醇的识别研究

6.3.1 探针 6-1 识别硫醇的选择性

我们推测探针 6-1 中的不饱和双键易与巯基发生迈克尔加成反应，因此研究了在 DMSO-PBS（10 mmol/L，pH=7.4，1∶1，V/V）缓冲溶液中，探针 6-1（10 μmol/L）与各类分析物（3 mmol/L）作用的相对荧光强度变化。如图 6.2 和图 6.3 所示，除了 Cys 和 Hcy，其他分析物（Na^+，K^+，Mg^{2+}，Ca^{2+}，Zn^{2+}，Cu^{2+}，Al^{3+}，Fe^{3+}，F^-，Cl^-，SO_4^{2-}，NO_3^-，NO_2^-，SH^-，$H_2PO_4^-$，HPO_4^{2-}，H_2O_2，

Glc，GSH）均未产生明显的荧光光谱变化，表明探针 6-1 可作为一种高选择性的新型荧光探针用于识别 Cys/Hcy。

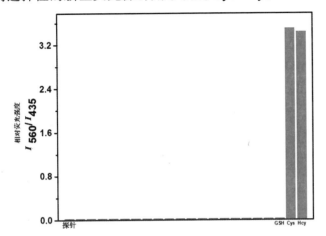

图 6.2　探针 6-1（10 μmol/L）与各类分析物作用的相对荧光强度柱状图
Figure 6.2 Optical density two-dimensional graph of probe 6-1 at I_{560}/I_{435} with all kinds of analytes

6.3.2　探针 6-1 识别硫醇的光谱

图 6.4 所示为在 DMSO-PBS（10 mmol/L，pH=7.4，1∶1，V/V）缓冲溶液中，探针 6-1 分别与 Cys 和 Hcy 作用的紫外吸收光谱图和荧光发射光谱图。从图中可以看出，当激发波长为 320 nm 时，探针 6-1 本身呈现出蓝色荧光，发射峰在 435 nm。随着体系中 Cys（0～300 μmol/L）含量的不断增加，探针 6-1（10 μmol/L）在 435 nm 处的蓝色荧光逐渐减弱，同时在 560 nm 处出现新的发射峰，发射峰红移高达 125 nm。在紫外吸收光谱中，探针 6-1 本身在 320 nm 和 350 nm 处具有吸收峰，随着 Cys 量的增加，紫外吸收光谱在 470 nm 处出现宽的红移吸收峰，并且在 375 nm 处观察到明显的等吸收点，表明加入 Cys 之后形成了新的化合物。同时，观察到溶液颜色由无色变为棕黄色，以上现象表明探针 6-1 可用于"裸眼"检测 Cys。如此明显的变化表明加入硫醇后香豆素部位共轭体系被打断，从而发射出两个不同波段的荧光信号变化。因此探针 6-1 可作为一种新型比率型荧光探针用于识别 Cys。Cys 和 Hcy 具有相似的结构和性质，因此

Hcy 光谱变化类似于 Cys，而 GSH 可能由于具有较高的 pK_a 值和较大的位阻（p$K_{a\ Cys}$ = 8.0；p$K_{a\ Hcy}$ = 8.87；p$K_{a\ GSH}$ = 9.20），几乎不与探针 6-1 发生作用。

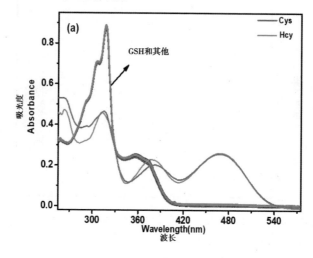

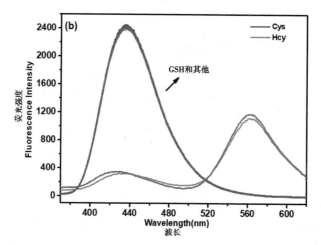

图 6.3 探针 6-1 与各类分析物作用的紫外吸收光谱（a）和荧光发射光谱（b）图

Figure 6.3 The UV-Vis (a) and fluorescence emission spectra (b) of probe 6-1 when all kinds of analytes added

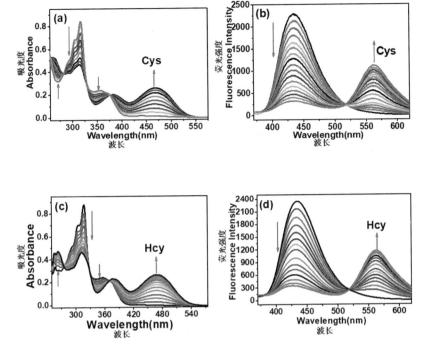

图 6.4 探针 6-1 分别与 Cys 和 Hcy 作用的紫外吸收光谱图(a、c)和荧光发射光谱图(b、d)

Figure 6.4 The UV-Vis spectra and fluorescence spectra of probe 6-1 (10 μmol/L) in the presence of various concentrations of Cys (0 ~ 300 μmol/L) and Hcy (0 ~ 300 μmol/L) in DMSO-PBS buffer (10 mmol/L, pH=7.4, 1∶1, V/V). (λ_{ex} = 320 nm, slit: 5 nm/5 nm)

6.3.3 探针 6-1 识别硫醇的响应时间

我们研究了探针 6-1(10 μmol/L)与 Cys(3 mmol/L)、Hcy(3 mmol/L)和 GSH(10 mmol/L)的响应时间,如图 6.5 所示,相比于 Hcy 或 GSH,探针 6-1 与 Cys 的反应更快,120 min 后 I_{560}/I_{435} 荧光强度比值几乎不变。对于 Hcy 观察到类似荧光强度比值增加,300 min 内基本上达到最大值。而对于 GSH 来说,荧光强度比值几乎未产生明显变化。原因可能是,在实验条件下,Cys 中的 SH 质子酸性较强($pK_{a\,Cys}$ = 8.0;$pK_{a\,Hcy}$=8.87;$pK_{a\,GSH}$ = 9.20)。因此,实验条件下 Cys 反应活性最高,Hcy 的反应速率不可避免地低于 Cys 的反应速率。此外，GSH 由于更大的空间位阻和 pK_a 值，巯基的反应活性大大降低。因此，在生理条件下，探针 6-1 对 Cys 表现出优异的选择性可以进一步说明探针对 Cys 和 Hcy 表现出较高的选择性。

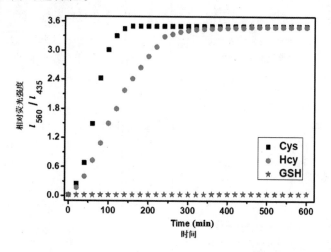

图 6.5　探针 6-1 与 Cys、Hcy 和 GSH 作用的响应时间研究

Figure 6.5　Time-dependent fluorescence response of probe 6-1 in the presence of 10 当量 uiv Cys, Hcy and GSH

6.3.4　探针 6-1 识别硫醇的最适 pH

我们对探针 6-1 检测 Cys 的 pH 范围也作了研究。图 6.6 所示为不同 pH 条件下探针 6-1 本身和探针 6-1 与 Cys 作用后的荧光强度图。如图所示，探针 6-1 本身在 pH 2.0 至 pH 10.0 时，I_{560}/I_{435} 荧光强度比值几乎没有产生明显变化，表明探针 6-1 具有良好的稳定性。在 2.0～6.0 的 pH 范围内，探针 6-1 与 Cys 作用之后 I_{560}/I_{435} 荧光强度比值可忽略不计。当 pH 范围在 7.0～11.0 时，探针 6-1 与 Cys 作用明显，I_{560}/I_{435} 荧光强度比值发生明显变化。因此，我们选择 pH 7.4 的生理条件来研究该探针 6-1 的各种光谱性质。

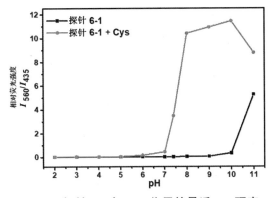

图 6.6 探针 6-1 与 Cys 作用的最适 pH 研究

Figure 6.6 The fluorescence intensity of probe 6-1（10 μmol/L）in the absence and presence of Cys under different pH in DMSO-PBS buffer（10 mmol/L, 1∶1, V/V）.（λ_{ex} = 320 nm, slit: 5 nm/5 nm）

6.3.5 探针 6-1 识别硫醇的检出限

为检测探针 6-1 对硫醇的检出限,我们进行了详细荧光光谱滴定实验(图 6.7)。可以观察到 560 nm 和 435 nm 处荧光强度比(I_{560}/I_{435})与 Cys 浓度(0 ~ 300 μmol/L)的变化呈现良好线性关系。根据 IUPAC(C_{DL} = 3 S_b/m)得到探针 6-1 对 Cys 的检出限为 0.095 μmol/L,同样的方法计算可得探针 6-1 对 Hcy 的检出限分别为 0.088 μmol/L。

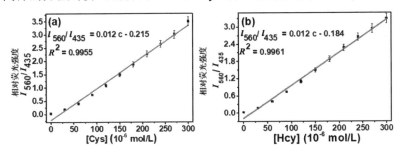

图 6.7 探针 6-1 分别与 Cys 和 Hcy 作用的相对荧光强度与浓度的线性关系

Figure 6.7 The linearity of the relative fluorescence intensity versus Cys（a）and Hcy（b）concentration

6.3.6 探针 6-1 识别硫醇的机理

为了研究探针 6-1 对 Cys/Hcy 的识别机理,我们通过核磁共振氢谱、碳谱、液质联用以及质谱等分析手段进行了研究,根据测试结果推测其反应机理如图 6.8 所示,第一阶段 Cys/Hcy 起到了催化剂的作用,探针 6-1 与 Cys/Hcy 中的巯基发生迈克尔加成反应,产生含有 α-H 的 β-酮酸中间态,发生分子内脱羧及重排反应,重新释放出 Cys/Hcy,同时生成相应的脱羧化合物 6-a,整个过程反应非常迅速。第二阶段 6-a 由于受到 Cys/Hcy 的巯基或者氨基作用,发生分子内开环重排,生成具有橙色荧光的稳定化合物 6-b/6-c,在质谱的高真空环境中,Cys 可能进一步加成而得到了 6-d/6-e。

如图 6.9 所示,核磁滴定实验中,当在探针的 DMSO-d6 溶液中缓慢滴加少量的 Cys(溶于 D_2O)溶液时,氢谱结果表明 Cys 与探针 6-1 香豆素结构中的碳碳双键发生了迈克尔反应,同时迅速生成响应的脱羧化合物 6-a,当滴加的 Cys 过量后,氢谱并没有发生明显的变化,表明 Cys 起到了催化剂的作用。进一步,我们通过制备化合物 6-a 验证机理。通过将探针 6-1 和 0.2 当量的 Cys 溶于适量的 DMSO 溶液中,并在室温下搅拌 5 h,将反应液倒入冰水中,析出大量的固体,减压抽滤并用去离子水反复洗涤后,真空干燥得到固体化合物,并通过核磁共振氢谱和碳谱表征其结构(图 6.10 和图 6.11),进一步验证了我们的推测。因此我们推测第一阶段的反应过程中,Cys 中的巯基与探针发生迈克尔加成反应,从而产生了 α-H,过渡态 β-酮酸易发生分子内重排得到脱羧化合物 6-a。

通过液质联用方法,我们进一步研究其反应机理,首先取少量探针的 DMSO 溶液进样作为对比;之后在探针的 DMSO 溶液中加入过量的 Cys 饱和水溶液,迅速离心取上层清液进样,从液相图中可以发现,探针彻底反应完全,并分离出五种不同的化合物,可能由于所生成的化合物存在顺反异构,化合物极性存在差异。我们推测其反应历程为,探针在 Cys 的催化作用下发生分子内脱羧反应,生成化合物 6-a,进一步与 1 分子的 Cys 反应,经分子内开环重排得到具有橙色荧光的化合物 6-b/6-c,在质谱的高真空环境中,Cys 可能进一步加成而得到了 6-d/6-e。

使探针 6-1 与 Cys 充分反应,并做质谱(图 6.13),可以看到(正离子模式)反应中间体 6-a 已经完全反应,离子峰 m/z = 443.1280,对应 [探针 6-1 + 1 当量.Cys + H]$^+$,离子峰 m/z = 465.1099,对应 [探针 6-1 + 1 当量.Cys + Na]$^+$,离子峰 m/z = 481.0839,对应

第 6 章

基于萘酰亚胺-香豆素组合型衍生物比率识别 Cys/Hcy 的荧光成像探针

[探针 6-1 + 1 当量·Cys + K]$^+$，离子峰 m/z = 564.1481，对应 [探针 6-1 + 2 当量·Cys + H]$^+$，离子峰 m/z=586.1295，对应 [探针 6-1 + 2 当量·Cys + Na]$^+$，这进一步证明了我们推测的反应机理。

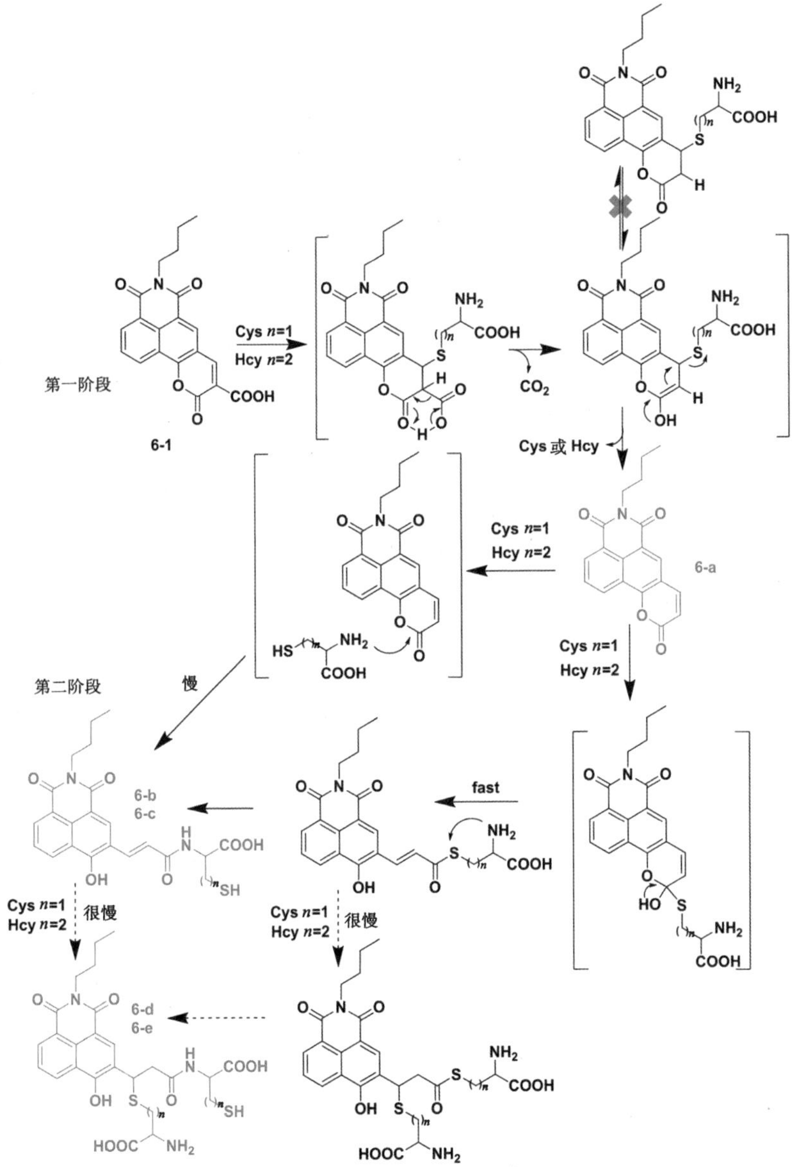

图 6.8　探针 6-1 识别 Cys/Hcy 可能的机理图

Figure 6.8 Proposed reaction mechanisms of probe 6-1 with Cys/Hcy

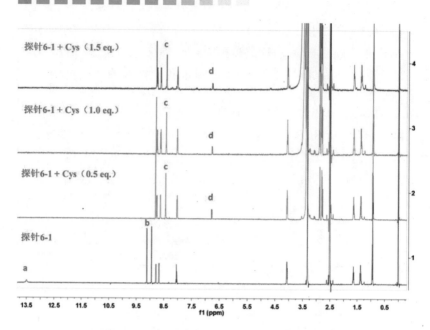

图 6.9 探针 6-1 与 Cys 作用的核磁滴定图

Figure 6.9 ^{1}H NMR spectra of 6-1 with Cys

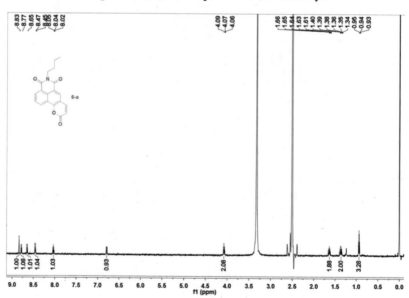

图 6.10 化合物 6-a 的核磁氢谱图（DMSO-d6）

Figure 6.10 ^{1}H NMR spectra of compound 6-a（DMSO-d6）

基于萘酰亚胺-香豆素组合型衍生物比率识别 Cys/Hcy 的荧光成像探针

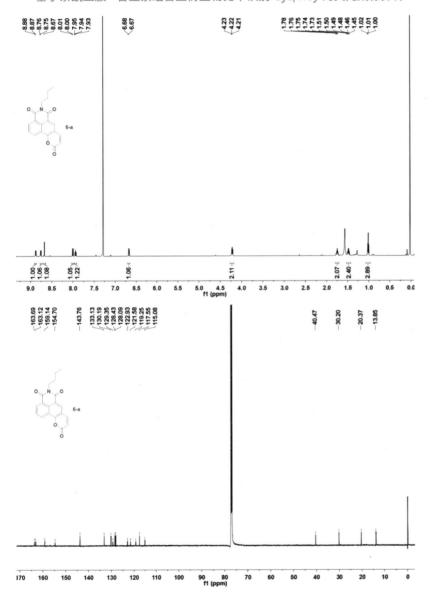

图 6.11 化合物 6-a 的核磁氢谱和碳谱图（$CDCl_3$-d1）

Figure 6.11 ^{1}H NMR and ^{13}C NMR spectra of compound 6-a（$CDCl_3$-d1）

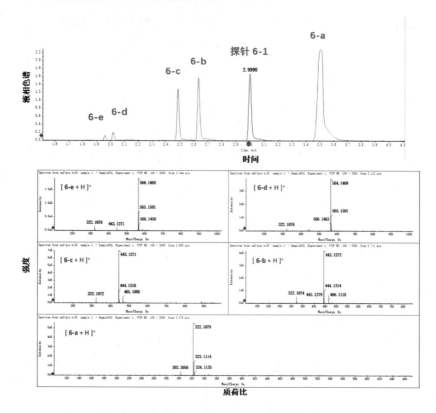

图 6.12 探针 6-1 与 Cys 作用的液质联用图

Figure 6.12 HPLC-MS spectra of probe 6-1 with Cys

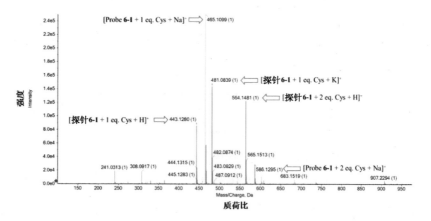

图 6.13 探针 6-1 与 Cys 作用后的质谱图

Figure 6.13 ESI-MS spectra of probe 6-1 with Cys

6.3.7 探针 6-1 识别硫醇的细胞成像

为进一步证明探针 6-1 在活细胞中的应用,我们进行了激光共聚焦显微镜实验。如图 6.14 所示。

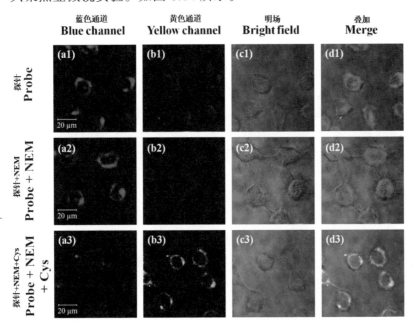

图 6.14 （a1 ~ d1）MCF-7 细胞 +10 μmol/L 探针 6-1;（a2 ~ d2）MCF-7 细胞 + 40 μmol/L NEM +10 μmol/L 探针 6-1;（C）MCF-7 细胞 + 200 μmol/L NEM +10 μmol/L 探针 6-1 + 40 μmol/L Cys; a: 蓝色通道, b: 黄色通道, c: 明场, d: a 与 b 的叠加

Figure 6.14 Confocal images of probe 6-1 responsded to exogenous Cys in MCF-7 cells. (a1-d1): MCF-7 cells were incubated with probe 6-1 (10 μmol/L) for 30 min; (a2-d2): MCF-7 cells were incubated with NEM (200 μmol/L) for 30 min, then incubated with probe 6-1 (10 μmol/L) for 30 min; (a3-d3): MCF-7 cells were incubated with NEM (200 μmol/L) for 30 min, then incubated with Cys (100 μmol/L) for 30 min, then incubated with probe 6-1 (10 μmol/L) for 30 min. From left to right: Blue channel: $\lambda_{em} = 450 \pm 20$ nm ($\lambda_{ex} = 405$ nm), Yellow channel: $\lambda_{em} = 560 \pm 20$ nm ($\lambda_{ex} = 488$ nm), Bright field, Merge. Scale bar: 20 μmol/L

将探针 6-1（10 μmol/L）与 MCF-7 细胞在 37 ℃下孵育 30 min，此时在蓝色通道细胞显示出强烈的蓝色荧光，黄色通道中只有很微弱的黄色荧光，由此表明细胞具有良好的细胞膜通透性和较低的细胞毒性。接着在对照实验中，使用 NEM（40 μmol/L）预处理细胞 30 min，然后在相同条件下与探针 6-1（10 μmol/L）再孵育 30 min，观察到黄色通道几乎没有荧光，而蓝色通道有明显的蓝色荧光。在另一组实验中，当用 NEM（40 μmol/L）预处理细胞 30 min，然后与探针 6-1（10 μmol/L）在相同条件下再孵育 30 min，最后再加入 Cys（10 μmol/L）孵育 30 min 后，MCF-7 细胞显示强烈的黄色荧光，同时蓝色通道的荧光明显减弱。以上实验结果表明探针 6-1 可以进入细胞并对外源的 Cys 进行荧光标记识别。

6.3.8 探针 6-1 识别硫醇的活体成像

为了进一步证实比率型荧光探针 6-1 的优势，我们将探针 6-1 进行了活体成像实验。以斑马鱼作为实验对象，如图 6.15 所示。当斑马鱼与探针 6-1（10 μmol/L）孵育 30 min 后，发现蓝色通道中出现明显的蓝色荧光，而黄色通道中有微弱的荧光。当斑马鱼与 NEM（200 μmol/L）一起孵育 30 min，去除体内硫醇后，再与探针 6-1（10 μmol/L）孵育 30 min，发现蓝色通道中荧光很强，而黄色通道中没有检测到荧光，相比之下，当预处理的斑马鱼（添加后 NEM 再与探针 6-1 孵育）孵育外源 Cys 后，蓝色通道几乎没有荧光，而黄色通道出现明显的黄色荧光。这些结果表明，探针 6-1 可以用于检测活体内的 Cys。

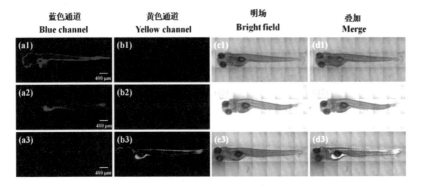

图 6.15 （a1～d1）斑马鱼+10 μmol/L 探针 6-1；（a2～d2）斑马鱼+200 μmol/L NEM+10 μmol/L 探针 6-1；（C）斑马鱼+40 μmol/L NEM+10 μmol/L 探针 6-1+40 μmol/L Cys；a：蓝色通道，b：黄色通道，c：明场，d：a 与 b 的叠加

Figure 6.15 Confocal images of probe 6-1 responsded to exogenous Cys in zebrafish. (a1-d1): Zebrafish was incubated with probe 6-1 (10 μmol/L) for 30 min; (a2-d2): Zebrafish was incubated with NEM (200 μmol/L) for 30 min, then incubated with probe 6-1 (10 μmol/L) for 30 min; (a3-d3): Zebrafish was incubated with NEM (200 μmol/L) for 30 min, then incubated with Cys (100 μmol/L) for 30 min, then incubated with probe 6-1 (10 μmol/L) for 30 min. From left to right: Blue channel: λ_{em} = 450 ± 20 nm (λ_{ex} = 405 nm), Yellow channel: λ_{em} = 560 ± 20 nm (λ_{ex} = 488 nm), Bright field, Merge. Scale bar: 400 μm

◆6.4 本章小结

我们通过合理设计，有机结合了萘酰亚胺和香豆素两种不同的荧光团，设计合成了一种 Cys/Hcy 比率型荧光探针 6-1，并成功应用于 MCF-7 细胞和斑马鱼的成像实验。探针 6-1 对 Cys/Hcy 的识别表现出荧光发射光谱的显著红移，同时伴随着紫外颜色由无色变为棕黄色，表明该探针可"裸眼"识别。我们通过核磁共振氢谱、碳谱、液质联用以及质谱等分析方法研究其反应机理，并推测识别过程经历了两个阶段，第一阶段 Cys/Hcy 起到了

催化剂的作用,探针 6-1 与 Cys/Hcy 中的巯基发生迈克尔加成反应,产生含有 α-H 的 β-酮酸中间态,发生分子内脱羧及重排反应,重新释放出 Cys/Hcy,同时生成相应的脱羧化合物,整个过程反应非常迅速。第二阶段由于受到 Cys/Hcy 的巯基或者氨基作用,发生分子内开环重排,生成具有橙色荧光的稳定的酰胺类化合物。此外,细胞和斑马鱼成像表明探针 6-1 具有优良的细胞膜通透性和生物相容性。据我们所知,这是第一个报道的通过 Cys/Hcy 催化探针脱羧并进行二次反应,实现对 Cys/Hcy 的比率识别,同时,双荧光团结合策略为荧光探针的设计合成提供了新的思路。遗憾的是,通过测试双光子吸收截面,并没有得到良好的效果,无法进行双光子成像实验,探针的其他性质相关工作正在进一步完善中。

第 7 章

总结与展望

◆7.1 总　结

鉴于生物活性硫醇小分子的生理重要性,精确检测其在体内的含量极其重要。荧光探针因其具有高选择性、高灵敏度、仪器简单和操作简便等特点,被越来越多的科研工作者应用于硫醇的检测中。本书在总结学习前人工作的基础上,利用硫醇分子中巯基的强亲核性,基于迈克尔加成机理,设计并合成了五个对硫醇具有高选择性的荧光成像探针,并通过研究探针分子与硫醇作用前后的光学性质变化来研究其对硫醇的识别性能。具体总结如下:

(1)方酸衍生物具有很好的荧光性质,其分子结构中的方酸四碳环为极度缺电子中心,易与亲核性试剂发生作用。基于此,我们设计合成了一种基于方酸衍生物的近红外硫醇荧光成像探针，探针结构经核磁共振氢谱、碳谱、高分辨质谱以及单晶衍射方法表征确定。通过研究探针分子与硫醇作用前后的紫外可见吸收光谱和荧光发射光谱变化，表明该探针可用于特异性检测识别 Cys 和 Hcy，并且不受 GSH 和其他氨基酸的干扰，反应机理经质谱法证实为迈克尔加成机理。该探针具有发射波长长、响应快速、线性良好以及检出限低等优点，对 Cys 和 Hcy 的检出限分别为 0.059 μmol/L 和 0.067 μmol/L，且成功应用于细胞成像实验。

（2）三苯胺作为一种常用荧光团，具有良好的光稳定性和可修饰性，马来酰亚胺结构单元是一个非常经典的硫醇识别基团，具有很强的吸电子性，当与三苯胺荧光团共轭相连后，探针本身的荧光发生猝灭。当硫醇与马来酰亚胺结构单元中的不饱和双键发生迈克尔加成反应，使双键达到饱和，荧光重现。基于此，我们合成了一种基于三苯胺-马来酰亚胺衍生物硫醇荧光成像探针，研究发现，当探针浓度较低时，可对 Hcy 和 GSH 表现出特异性识别，Cys 和其他氨基酸几乎不干扰，而当探针浓度较高时，也能与 Cys 作用导致明显的荧光增强，识别过程荧光表现为 turn-on，且对三种硫醇的检出限分别为 GSH（0.085 μmol/L）、Hcy（0.12 μmol/L）、Cys（0.13 μmol/L）。反应机理经核磁共振氢谱和质谱方法进一步表征确定，并成功应用于细胞成像实验。

（3）与三苯胺荧光团相比，萘酰亚胺荧光团具有更好的光稳定性和更大的斯托克斯位移，且通常具有双光子性质。在之前工作的基础上，我们将萘酰亚胺荧光团与马来酰亚胺结构单元相连设计合成了一种能特别快速、高选择性地对硫醇进行检测识别的荧光探针，整个识别过程在 120 s 内达到平衡，尤其是与 Cys 的反应可在不到 1 min 趋于稳定，荧光显著增强。在相同的实验条件下，得到该探针对 Cys 的检出限为 0.045 μmol/L，对 Hcy 和 GSH 的检出限分别为 0.037 μmol/L 和 0.035 μmol/L。

（4）分子结构不同有可能导致完全不同的光学性质，有利于筛选出性能更好的目标分子，也能为探索分子结构差异所导致的识别性质不同提供依据，鉴于此，我们通过将马来酰亚胺连接到萘酰亚胺的不同位置，设计合成出两个萘酰亚胺-马来酰亚胺同分异构体衍生物，通过研究它们的荧光性质和识别性能，筛选出可以对 Cys 进行特异性识别的硫醇荧光成像探针，且对 Cys 的检出限为 0.064 μmol/L。

（5）由于比率型荧光探针通常可以通过两个选择性波长的荧光强度变化来作为一种定量及半定量的检测依据，与猝灭型或者 off-on 型探针相比，可以更有效地减少背景干扰，应用更加广泛，鉴于此，我们将萘酰亚胺和香豆素有机结合起来，设计合成出一种新型双荧光团共轭组合型探针，可用于比率识别 Cys/Hcy，检出限分别低至 0.095 μmol/L 和 0.088 μmol/L，且识别过程表现为荧光红移，并成功应用于细胞成像和斑马鱼的活体成像。

◆7.2 展 望

在现有工作的基础上，拟开展以下几方面的工作：

（1）在尽可能不改变探针本身光谱性质和识别性质的基础上，通过将探针与多种亲水性基团相连接，进行合理修饰，提高探针水溶性，以期实现在纯水相中的检测识别，为进一步的实际应用做好准备。

（2）继续深入探索分子结构差异对探针识别性质的影响，基于萘酰亚胺荧光团，合成一系列具有相似结构和性质的化合物，建立比较全面的分子库，为更好地解释其识别性质提供实践数据。

（3）通过将探针分子与某些特定的定位基团有机相连，达到检测各种细胞器中硫醇含量的目的，进一步研究其生理活性，如连接吗啉环可以定位于溶酶体，连接三苯基膦季铵盐可以定位于线粒体。

（4）继续深入与其他高校院所开展科研合作，开展一些本校暂时无法独立完成的科研工作，如双光子荧光光谱滴定和细胞生物成像等，使我们的科研工作更加充实圆满。

参考文献

[1]JUNG H S, CHEN X, KIM J S, et al.Recent progress in luminescent and colorimetric chemosensors for detection of thiols[J].*Chem.Soc.Rev.*,2013,42: 6019-6031.

[2]NIU L, CHEN Y, ZHENG H, et al.Design strategies of fluorescent probes for selective detection among biothiols[J].*Chem.Soc.Rev.*,2015,44: 6143-6160.

[3]PENG H, CHEN W, CHENG Y, et al.Thiol Reactive Probes and Chemosensors[J].*Sensors*,2012,12: 15907-15946.

[4]MARTÍNEZ-MÁÑZ R, SANCENÓN F. Fluorogenic and chromogenic chemosensors and reagents for anions[J].*Chem.Rev.*,2003,103: 4419-4476.

[5]YIN C, HUO F, ZHANG J, et al.Thiol-addition reactions and their applications in thiol recognition[J].*Chem.Soc.Rev.*,2013,42: 6032-6059.

[6]LI X, GAO X, SHI W, et al.Design strategies for water-soluble small molecular chromogenic and fluorogenic probes[J].*Chem.Rev.*,2014,114: 590-659.

[7]CHEN X, ZHOU Y, PENG X, et al.Fluorescent and colorimetric probes for detection of thiols[J].*Chem.Soc.Rev.*,2010,39: 2120-2135.

[8]SCHAEFERLING M. The art of fluorescence imaging with chemical sensors[J].*Angew.Chem.Int. Ed.*,2012,51: 3532-3554.

[9]YEUNG M C L, YAM V W W.Luminescent cation sensors: from host-guest chemistry, supramolecular chemistry to reaction-based mechanisms[J].*Chem.Soc.Rev.*,2015,44: 4192-4202.

[10]CHAN J, DODANI S C, CHANG C J.Reaction-based small-molecule fluorescent probes for chemoselective bioimaging[J].*Nat.Chem.*,2012,4: 973-984.

[11]ROS-LIS J V, GARCÍA B, JIMÉNEZ D, et al. Squaraines as fluoro-chromogenic probes for thiol-containing compounds and their application to the detection of biorelevant thiols[J].*J.Am.Chem.Soc.*,2004,126: 4064-4065.

[12]HEWAGE H S, ANSLYN E V. Pattern-Based Recognition of Thiols and Metals Using a Single Squaraine Indicator[J].*J.Am.Chem.Soc.*,2009,131: 13099-13106.

[13]SREEJITH S, DIVYA K P, AJAYAGHOSH A. A Near-Infrared Squaraine Dye as a Latent Ratiometric Fluorophore for the Detection of Aminothiol Content in Blood Plasma[J].*Angew.Chem.Int.Ed.*,2008,47: 7883-7887.

[14]SIPPEL T O. New fluorochromes for thiols: maleimide and iodoacetamide derivatives of a 3-phenylcoumarin fluorophore[J].*J.Histochem.Cytochem.*,1981,29: 314-316.

[15]SIPPEL T O. Microfluorometric analysis of protein thiol groups with a coumarinylphenyl- maleimide[J].*J.Histochem.Cytochem.*,1981,29: 1377-1381.

[16]LANGMUIR M E, YANG J R, MOUSSA A M, et al.New naphthopyranone based fluorescent thiol probes[J]. *Tetrahedron Lett.*,1995,36: 3989-3992.

[17]MARE S, PENUGONDA S, ERCAL N. High performance liquid chromatography analysis of MESNA (2-mercaptoethane sulfonate) in biological samples using fluorescence detection[J].

Biomed. Chromatogr., 2005, 19: 80-86.

[18] KAND D, KALLE A M, VARMA S J, et al. A chromeno-quinoline-based fluorescent off-on thiol probe for bioimaging[J]. Chem.Commun., 2012, 48: 2722-2724.

[19] MATSUMOTO T, URANO Y, SHODA T, et al. A thiol-reactive fluorescence probe based on donor-excited photoinduced electron transfer: key role of ortho substitution[J]. Org.Lett., 2007, 9: 3375-3377.

[20] YANG Y, HUO F, YIN C, et al. An 'off-on' fluorescent probe for specially recognize on Cys and its application in bioimaging[J]. Dyes Pigm., 2015, 114: 105-109.

[21] GIROUARD S, HOULE M H, GRANDBOIS A, et al. Synthesis and characterization of dimaleimide fluorogens designed for specific labeling of proteins[J]. J.Am.Chem.Soc., 2005, 127: 559-566.

[22] GUY J, CARON K, DUFRESNE S, et al. Convergent preparation and photophysical characterization of dimaleimide dansyl fluorogens: elucidation of the maleimide fluorescence quenching mechanism[J]. J.Am.Chem.Soc., 2007, 129: 11969-11977.

[23] MCMAHON B K, GUNNLAUGSSON T. Selective Detection of the Reduced Form of Glutathione (GSH) over the Oxidized (GSSG) Form Using a Combination of Glutathione Reductase and a Tb (III)-Cyclen Maleimide Based Lanthanide Luminescent "Switch On" Assay[J]. J.Am.Chem.Soc., 2012, 134: 10725-10728.

[24] LIU B, WANG J, ZHANG G, et al. Flavone-Based ESIPT Ratiometric Chemodosimeter for Detection of Cysteine in Living Cells[J]. ACS Appl.Mater.Interfaces, 2014, 6: 4402-4407.

[25] YANG X, GUO Y, STRONGIN R M. Conjugate Addition/Cyclization Sequence Enables Selective and Simultaneous Fluorescence Detection of Cysteine and Homocysteine[J]. Angew. Chem.Int.Ed., 2011, 50: 10690-10693.

[26]GUO Y, YANG X, HAKUNA L, et al.A Fast Response Highly Selective Probe for the Detection of Glutathione in Human Blood Plasma[J].*Sensors*,2012,12: 5940-5950.

[27]YANG X, GUO Y, STRONGIN R M. A seminaphthofluorescein-based fluorescent chemodosimeter for the highly selective detection of cysteine[J].*Org.Biomol.Chem.*,2012,10: 2739-2741.

[28]ZHANG H, WANG P, YANG Y, et al.A selective fluorescent probe for thiols based on α, β-unsaturated acyl Sulfonamide[J].*Chem.Commun.*,2012,48: 10672-10674.

[29]WANG H, ZHOU G, GAI H, et al.A fluorescein-based probe with high selectivity to cysteine over homocysteine and glutathione[J].*Chem.Commun.*,2012,48: 8341-8343.

[30]DAI X, WU Q, WANG P, et al.A simple and effective coumarin-based fluorescent probe for cysteine[J].*Biosen. Bioelectron.*,2014,59: 35-39.

[31]WANG S, WU Q, WANG H, et al.Novel pyrazoline-based fluorescent probe for detecting glutathione and its application in cells[J].*Biosens.Bioelectron.*,2014,55: 386-390.

[32]GUO Z, NAM S, PARK S, et al.A highly selective ratiometric near-infrared fluorescent cyanine sensor for cysteine with remarkable shift and its application in bioimaging[J].*Chem. Sci.*,2012,3: 2760-2765.

[33]HAN Q, SHI Z, TANG X, et al.A colorimetric and ratiometric fluorescent probe for distinguishing cysteine from biothiols in water and living cells[J].*Org.Biomol.Chem.*,2014, 12: 5023-5030.

[34]SHI J, WANG Y, TANG X, et al.A colorimetric and fluorescent probe for thiols based on 1,8-naphthalimide and its application for bioimaging[J].*Dyes Pigm.*,2014,100: 255-260.

[35]ZHU B, GUO B, ZHAO Y, et al.A highly sensitive ratiometric fluorescent probe with a large emission shift for imaging endogenous cysteine in living cells[J].*Biosens.*

Bioelectron.,2014,55: 72-75.

[36]ZHANG Q, YU D, DING S, et al.A low dose: highly selective and sensitive colorimetric and fluorescent probe for biothiols and its application in bioimaging[J].*Chem.Commun.*, 2014,50: 14002-14005.

[37]ZHANG R, ZHANG J, WANG S, et al.Novel pyrazoline-based fluorescent probe for detecting thiols and its application in cells[J].*Spectrochim. Acta A: Mol.Biomol. Spectrosc.*,2015,137: 450-455.

[38]LEE Y H, REN W X, HAN J, et al.Highly selective two-photon imaging of cysteine in cancerous cells and tissues[J]. *Chem.Commun.*,2015,51: 14401-14404.

[39]LIAO Y, VENKATESAN P, WEI L, et al.A coumarin-based fluorescent probe for thiols and its application incell imaging[J].*Sens. Actuators B: Chem.*,2016,232: 732-737.

[40]HUO F, SUN Y, SU J, et al.Colorimetric Detection of Thiols Using a Chromene Molecule[J].*Org.Lett.*,2009,11: 4918-4921.

[41]HUO F, SUN Y, SU J, et al.Chromene "Lock", Thiol "Key", and Mercury (II) Ion "Hand": A Single Molecular Machine Recognition System[J].*Org.Lett.*,2010,12: 4756-4759.

[42]YANG Y, HUO F, YIN C, et al.Thiol-chromene click chemistry: A coumarin-based derivative and its use as regenerable thiol probe and in bioimaging applications[J]. *Biosen.Bioelectron.*,2013,47: 300-306.

[43]YUE Y, YIN C, HUO F, et al.Thiol-chromene click chemistry: A turn-on fluorescent probe for specific detection of cysteine and its application in bioimaging[J].*Sens.Actuators B: Chem.*,2016,223: 496-500.

[44]CHEN X, KO S, KIM M J, et al.A thiol-specific fluorescent probe and its application for bioimaging[J].*Chem. Commun.*,2010,46: 2751-2753.

[45]REN W X, HAN J, PRADHAN T, et al.A fluorescent

probe to detect thiol-containing amino acids in solid tumors[J]. *Biomaterials*, 2014, 35: 4157-4167.

[46]SUN Y, CHEN M, LIU J, et al.Nitroolefin-based coumarin as a colorimetric and fluorescent dual probe for biothiols[J].*Chem.Commun.*, 2011, 47: 11029-11031.

[47]WANG H, ZHOU G, MAO C, et al.A fluorescent sensor bearing nitroolefin moiety for the detection of thiols and its biological imaging[J].*Dyes Pigm.*, 2013, 96: 232-236.

[48]XIE H, LI X, ZHAO L, et al.Electrochemiluminescence performance of nitroolefin-basedfluorescein in different solutions and its application for the detectionof cysteine[J].*Sens. Actuators B: Chem.*, 2016, 222: 226-231.

[49]CHEN C, LIU W, XU C, et al.A colorimetric and fluorescent probe for detecting intracellular GSH[J].*Biosens. Bioelectron.*, 2015, 71: 68-74.

[50]PANG L, ZHOU Y, WANG E, et al.A "turn-on" fluorescent probe used for the specific recognition of intracellular GSH and its application in bioimaging[J].*RSC Adv.*, 2016, 6: 16467-16473.

[51]ISIK M, OZDEMIR T, TURAN I S, et al.Chromogenic and Fluorogenic Sensing of Biological Thiols in Aqueous Solutions Using BODIPY-Based Reagents[J].*Org.Lett.*, 2013, 15: 216-219.

[52]ISIK M, GULIYEV R, KOLEMEN S, et al.Designing an intracellular fluorescent probe for glutathione: two modulation sites for selective signal transduction[J].*Org.Lett.*, 2014, 16: 3260-3263.

[53]ZENG Y, ZHANG G, ZHANG D. A selective colorimetric chemosensor for thiols based on intramolecular charge transfer mechanism[J].*Anal.Chim.Acta.*, 2008, 627: 254-257.

[54]ZENG Y, ZHANG G, ZHANG D, et al.A dual-function colorimetric chemosensor for thiols and transition metal ions

based on ICT mechanism[J].*Tetrahedron Lett.*,2008,49：7391-7394.

[55]LIN W, YUAN L, CAO Z, et al.A Sensitive and Selective Fluorescent Thiol Probe in Water Based on the Conjugate 1,4-Addition of Thiols to α, β-Unsaturated Ketones[J].*Chem.Eur.J.*,2009,15：5096-5103.

[56]YI L, LI H, SUN L, et al.A highly sensitive fluorescence probe for fast thiol-quantification assay of glutathione reductase[J].*Angew.Chem.,Int.Ed.*,2009,48：4034-4037.

[57]KWON H, LEE K, KIM H. Coumarin-malonitrile conjugate as a fluorescence turn-on probe for biothiols and its cellular expression[J].*Chem.Commun.*,2011,47：1773-1775.

[58]KIM G, LEE K, KWON H, et al.Ratiometric Fluorescence Imaging of Cellular Glutathione[J].*Org.Lett.*,2011,13：2799-2801.

[59]LOU X, HONG Y, CHEN S, et al.A Selective Glutathione Probe based on AIE Fluorogen and its Application in Enzymatic Activity Assay[J].*Sci.Rep.*,2014,4：4272.

[60]JUNG H, KO K, KIM G, et al.Coumarin-based thiol chemosensor：synthesis, turn-on mechanism, and its biological application[J].*Org.Lett.*,2011,13：1498-1501.

[61]JUNG H, HAN J, PRADHAN T, et al.A cysteine-selective fluorescent probe for the cellular detection of cysteine[J].*Biomaterials*,2012,33：945-953.

[62]JUNG H, PRADHAN T, HAN J, et al.Molecular modulated cysteine-selective fluorescent probe[J].*Biomaterials*,2012,33：8495-8502.

[63]CHEN J, JIANG X, CARROLL S L, et al.Theoretical and Experimental Investigation of Thermodynamics and Kinetics of Thiol-Michael Addition Reactions：A Case Study of Reversible Fluorescent Probes for Glutathione Imaging in Single Cells[J].*Org.Lett.*,2015,17：5978-5981.

[64]UMEZAWA K, YOSHIDA M, KAMIYA M, et al.Rational design of reversible fluorescent probes for live-cell imaging and quantification of fast glutathione dynamics[J].*Nat. Chem.*,2017,9: 279-286.

[65]RUSIN O, LUCE N N S, AGBARIA R A, et al.Visual detection of cysteine and homocysteine[J].*J.Am.Chem.Soc.*, 2004,126: 438-439.

[66]WANG W, RUSIN O, XU X, et al.Detection of Homocysteine and Cysteine[J].*J.Am.Chem.Soc.*,2005,127: 15949-15958.

[67]BARVE A, LOWRY M, ESCOBEDO J O, et al.Differences in heterocycle basicity distinguish homocysteine from cysteine using aldehyde-bearing fluorophores[J].*Chem. Commun.*,2014,50: 8219-8222.

[68]TANAKA F, MASE N, BARBAS III C F. Determination of cysteine concentration by fluorescence increase: reaction of cysteine with a fluorogenic aldehyde[J].*Chem.Commun.*,2004: 1762-1763.

[69]ZHANG D, ZHANG M, LIU Z, et al.Highly selective colorimetric sensor for cysteine and homocysteine based on azo derivatives[J].*Tetrahedron Lett.*,2006,47: 7093-7096.

[70]CHEN H, ZHAO Q, WU Y, et al.Selective phosphorescence chemosensor for homocysteine based on an iridium (III) complex[J].*Inorg.Chem.*,2007,46: 11075-11081.

[71]ZHANG M, LI M, ZHAO Q, et al.Novel Y-type two-photon active fluorophore: synthesis and application in fluorescent sensor for cysteine and homocysteine[J].*Tetrahedron Lett.*,2007,48: 2329-2333.

[72]HUANG K, YANG H, ZHOU Z, et al.A highly selective phosphorescent chemodosimeter for cysteine and homocysteine based on platinum (II) complexes[J].*Inorg.Chim.Acta*,2009, 362: 2577-2580.

[73]LIN W, LONG L, YUAN L, et al.A ratiometric

fluorescentprobe for cysteine and homocysteine displaying a large emission shift[J].*Org.Lett.*,2008,10: 5577-5580.

[74]YUAN L, LIN W, YANG Y. A ratiometric fluorescent probe for specific detection of cysteine over homocysteine and glutathione based on the drastic distinction in the kinetic profiles[J].*Chem.Commun.*,2011,47: 6275-6277.

[75]LI H, FAN J, WANG J, et al.A fluorescent chemodosimeter specific for cysteine: effective discrimination of cysteine from homocysteine[J].*Chem.Commun.*,2009,39: 5904-5906.

[76]MA Y, LIU S, YANG H, et al.Water-soluble phosphorescent iridium (III) complexes as multicolor probes for imaging of homocysteine and cysteine in living cells[J].*J.Mater.Chem.*,2011,21: 18974-18982.

[77]LIU X, XI N, LIU S, et al.Highly selective phosphorescent nanoprobes for sensing and bioimaging of homocysteine and cysteine[J].*J.Mater.Chem.*,2012,22: 7894-7901.

[78]MEI J, TONG J, WANG J, et al.Discriminative fluorescence detection of cysteine, homocysteine and glutathione via reaction-dependent aggregation of fluorophore- analyte adducts[J].*J.Mater.Chem.*,2012,22: 17063-17070.

[79]MEI J, WANG Y, TONG J, et al.Discriminatory detection of cysteine and homocysteine based on dialdehyde-functionalized aggregation- induced emission fluorophores[J]. *Chem.Eur.J.*,2013,19: 613-620.

[80]WANG P, LIU J, LV X, et al.A naphthalimide-based glyoxal hydrazone for selective fluorescence turn-on sensing of Cys and hcy[J].*Org.Lett.*,2012,14: 520-523.

[81]LEE H Y, CHOI Y P, KIM S, et al.Selective homocysteine turn-on fluorescent probes and their bioimaging applications[J].*Chem.Commun.*,2014,50: 6967-6969.

[82]DAS P, MANDAL A K, CHANDAR N B, et al.New chemodosimetric reagents as ratiometric probes for cysteine and homocysteine and possible detection in living cells and in blood plasma[J].*Chem.Eur.J.*,2012,18: 15382-15393.

[83]LONG L, WANG L, WU Y. A Fluorescence Ratiometric Probe for Cysteine/ Homocysteine and Its Application for Living Cell Imaging[J].*Int.J.Org.Chem.*,2013,3: 235-239.

[84]KIM T K, LEE D N, KIM H J.Highly selective fluorescent sensor for homocysteine and cysteine[J].*Tetrahedron Lett.*,2008,49: 4879-4881.

[85]LEE K S, KIM T K, LEE J H, et al.Fluorescence turn-on probe for homocysteine and cysteine in water[J].*Chem.Commun.*,2008,44: 6173-6175.

[86]HU M, FAN J, LI H, et al.Fluorescent chemodosimeter for Cys/Hcy with a large absorption shift and imaging in living cells[J].*Org.Biomol.Chem.*,2011,9; 980-983.

[87]DUAN L, XU Y, QIAN X, et al.Highly selective fluorescent chemosensor with red shift for cysteine in buffer solution and its bioimage: symmetrical naphthalimide aldehyde[J].*Tetrahedron Lett.*,2008,49: 6624-6627.

[88]ZHANG X, REN X, XU Q, et al.One- and Two-photon Fluorescent Probe for Cysteine and Homocysteine with Large Emission Shift[J].*Org.Lett.*,2009,11: 1257-1260.

[89]YANG Z, ZHAO N, SUN Y, et al.Highly selective red- and green-emitting two-photon fluorescent probes for cysteine detection and their bio-imaging in living cells[J].*Chem.Commun.*,2012,48: 3442-3444.

[90]GUO F, TIAN M, MIAO F, et al.Lighting up cysteine and homocysteine in sequence based on the kinetic difference of the cyclization/addition reaction[J].*Org.Biomol.Chem.*,2013,11: 7721-7728.

[91]MADHU S, GONNADE R, RAVIKANTH M. Synthesis of 3,5-bis(acrylaldehyde) boron-dipyrro- methene and

application in detection of cysteine and homocysteine in living cells[J].*J.Org.Chem.*,2013,78: 5056-5060.

[92]ZHANG J, JIANG X, SHAO X, et al.A turn-on NIR fluorescent probe for the detection of homocysteine over cysteine[J].*RSC Adv.*,2014,4: 54080-54083.

[93]MAEDA H, MATSUNO H, USHIDA M, et al.2,4-Dinitro-benzenesulfonyl fluoresceins as fluorescent alternatives to Ellman's reagent in thiol-quantification enzyme assays[J].*Angew.Chem.Int.Ed.*,2005,44: 2922-2925.

[94]MAEDA H, KATAYAMA K, MATSUNO H, et al.3'-(2,4-Dinitrobenzenesulfonyl)- 2',7'-dimethylfluorescein as a Fluorescent Probe for Selenols[J].*Angew.Chem.Int.Ed.*,2006, 45: 1810-1813.

[95]JIANG X, ZHANG J, SHAO X, et al.A selective fluorescent turn-on NIR probe for cysteine[J].*Org.Biomol.Chem.*,2012,10: 1966-1968.

[96]YUAN L, LIN W, ZHAO S, et al.A unique approach to development of near-infrared fluorescent sensors for in vivo imaging[J].*J.Am.Chem.Soc.*,2012,134,13510-13523.

[97]LI M, WU X, WANG Y, et al.A near-infrared colorimetric fluorescent chemodosimeter for the detection of glutathione in living cells[J].*Chem.Commun.*,2014,50: 1751-1753.

[98]JIANG W, FU Q, FAN H, et al.A Highly Selective Fluorescent Probe for Thiophenols[J].*Angew.Chem.Int.Ed.*, 2007,46: 8445-8448.

[99]BOUFFARD J, KIM Y, SWAGER T M, et al.A highly selective fluorescent probe for thiol bioimaging[J].*Org.Lett.*, 2008,10: 37-40.

[100]SHIBATA A, FURUKAWA K, ABE H, et al. Rhodamine-based fluorogenic probe for imaging biological thiol[J].Bioorg.*Med.Chem.Lett.*,2008,18: 2246-2249.

[101]JI S, YANG J, YANG Q, et al.Tuning the intramolecular charge transfer of alkynylpyrenes: effect on photophysical

properties and its application in design of off-on fluorescent thiol probes[J].*J.Org.Chem.*,2009,74: 4855-4865.

[102]JI S, GUO H, YUAN X, et al.A highlyselective off-on red-emitting phosphorescent thiol probe with large stokesshift and long luminescent lifetime[J].*Org.Lett.*,2010,12: 2876-2879.

[103]TANG B, XING Y, LI P, et al.A rhodamine-based fluorescent probe containing a Se-N bond for detecting thiols and its application in living cells[J].*J.Am.Chem.Soc.*,2007,129: 11666-11667.

[104]TANG B, YIN L, WANG X, et al.A fast-response, highly sensitive and specific organoselenium fluorescent probe for thiols and its application in bioimaging[J].*Chem.Commun.*,2009;5293-5295.

[105]XU K, QIANG M, GAO W, et al.A near-infrared reversible fluorescent probe for real-time imaging of redox status changes in vivo[J].*Chem.Sci.*,2013,4: 1079-1086.

[106]ZHU B, ZHANG X, JIA H, et al.The determination of thiols based using a probe that utilizes both an absorption redshift and fluorescence enhancement[J].*Dyes Pigm.*,2010,86: 87-92.

[107]WANG R, CHEN L, LIU P, et al.Sensitive near-infrared fluorescent probes for thiols based on Se-N bond cleavage: Imaging in living cells and tissues[J].*Chem.Eur.J.*,2012,18: 11343-11349.

[108]PIRES M M, CHMIELEWSKI J. Fluorescence Imaging of Cellular Glutathione Using a Latent Rhodamine[J].*Org.Lett.*,2008,10: 837-840.

[109]PULLELA P K, CHIKU T, CARVAN III M J, et al.Fluorescence-based detection of thiols in vitro and in vivo using dithiol probes[J].*Anal.Biochem.*,2006,352: 265-273.

[110]PIGGOTT A M, KARUSO P. A fluorometric assay for the determination of glutathione reductase activity[J].*Anal.Chem.*,2007,79: 8769-8773.

[111]ZHU B, ZHANG X, LI Y, et al.A colorimetric and ratiometric fluorescent probe for thiols and its bioimaging applications[J].*Chem.Commun.*,2010,46: 5710-5712.

[112]LEE J H, LIM C S, TIAN Y S, et al.A two-photon fluorescent probe for thiols in live cells and tissues[J].*J.Am.Chem.Soc.*,2010,132: 1216-1217.

[113]LIM C S, MASANTA G, KIM H J, et al.Ratiometric detection of mitochondrial thiols with a two-photon fluorescent probe[J].*J.Am.Chem.Soc.*,2011,133: 11132-11135.

[114]LEE M H, HAN J H, KWON P -S, et al.Hepatocyte-targeting single galactose-appended naphthalimide: a tool for intracellular thiol imaging in vivo[J].*J.Am.Chem.Soc.*,2012,134: 1316-1322.

[115]WANG H, WANG W, ZHANG H. Spectrofluorimetic determination of cysteine based on the fluorescence inhibition of Cd（II）-8-hydroxyquinoline-5-sulphonic acid complex by cysteine[J].*Talanta*,2001,53: 1015-1019.

[116]NIE L, MA H, SUN M, et al.Direct chemiluminescence determination of cysteine in human serum using quinine-Ce（IV）system[J].*Talanta*,2003,59: 959-964.

[117]WANG S, MA H, LI J, et al.Direct determination of reduced glutathione in biological fluids by Ce（IV）-quinine chemiluminescence[J].*Talanta*,2006,70: 518-521.

[118]REZAEI B, MOKHTARI A. A simple and rapid flow injection chemiluminescence determination of cysteine with Ru（phen）$_3^{2+}$-Ce（IV）system[J].*Spectrochim.Acta, Part A*,2007,66: 359-363.

[119]CHOW C F, CHIU B K W, LAM M H W, et al.A trinuclear heterobimetallic Ru（II）/Pt（II）complex as a chemodosimeter selective for sulfhydryl-containing amino acids and peptides[J].*J.Am.Chem.Soc.*,2003,125: 7802-7803.

[120]HAN M S, KIM D H. Rationally designed chromogenic chemosensor that detects cysteine in aqueous solution with

remarkable selectivity[J].*Tetrahedron*,2004,60 ;11251-11257.

[121]JUNG H S, HAN J H, HABATA Y, et al.An iminocoumarin-Cu(II)ensemble-based chemodosimeter toward thiols[J].*Chem.Commun.*,2011,47: 5142-5144.

[122]FU Y, LI H, HU W, et al.Fluorescence probes for thiol-containing amino acids and peptides in aqueous solution[J].*Chem.Commun.*,2005,25: 3189-3191.

[123]YANG X, LIU P, WANG L, et al.A chemosensing ensemble for the detection of cysteine based on the inner filter effect using a rhodamine B spirolactam[J].*J.Fluoresc.*,2008,18: 453-459.

[124]WANG H, ZHOU G, CHEN X. An iminofluorescein-Cu^{2+} ensemble probe for selective detection of thiols[J].*Sens.Actuators B: Chem.*,2013,176: 698-703.

[125]RUAN Y, LI A, ZHAO J, et al.Specific Hg^{2+}-mediated perylene bisimide aggregation for highly sensitive detection of cysteine[J].*Chem.Commun.*,2010,46: 4938-4940.

[126]PU F, HUANG Z, REN J, et al.DNA/ligand/ion-based ensemble for fluorescence turn-on detection of cysteine and histidine with tunable dynamic range[J].*Anal.Chem.*,2010,82, 8211-8216.

[127]XU H, WANG Y, HUANG X, et al.Hg^{2+}-mediated aggregation of gold nanoparticles for colorimetric screening of biothiols[J].*Analyst*,2012,137: 924-931.

[128]KWON N Y, KIM D, JANG G, et al.Highly selective cysteine detection and bioimaging in zebrafish through emission color change of water-soluble conjugated polymer-based assay complex[J].*ACS Appl.Mater.Interfaces*,2012,4: 1429-1433.

[129]YANG Y, SHIM S, TAE J.Rhodamine-sugar based turn-on fluorescent probe for the detection of cysteine and homocysteine in water[J].*Chem.Commun.*,2010,46: 7766-7768.

[130]BAO Y, LI Q, LIU B, et al.Conjugated polymers containing a 2,2,-biimidazole moiety-a novel fluorescent

sensing platform[J].*Chem.Commun.*,2012,48: 118-120.

[131]ZHANG M, YU M, LI F, et al.A highly selective fluorescence turn-on sensor for cysteine/ homocysteine and its application in bioimaging[J].*J.Am.Chem.Soc.*,2007,129: 10322-10323.

[132]LI H, LIU F, XIAO Y, et al.Revisit of a series of ICT fluorophores: skeletal characterization, structural modification, and spectroscopic behavior[J].*Tetrahedron*,2014,70: 5872-5877.

[133]FUJIKAWA Y, URANO Y, KOMATSU T, et al.Design and synthesis of highly sensitive fluorogenic substrates for glutathione S-transferase (GST) and application for activity imaging in living cells[J].*J.Am.Chem.Soc.*,2008,130: 14533-14543.

[134]ZHU B, ZHAO Y, ZHOU Q, et al.A chloroacetate-caged fluorescein chemodosimeter for imaging cysteine/ homocysteine in living cells[J].*Eur.J.Org.Chem.*,2013: 888-893.

[135]HONG K H, LIM S Y, YUN M Y, et al.Selective detection of cysteine over homocysteine and glutathione by a bis (bromoacetyl) fluorescein probe[J].*Tetrahedron Lett.*,2013,54: 3003-3006.

[136]MURALE D P, KIM H, CHOI W S, et al.Rapid and selective detection of Cys in living neuronal cells utilizing a novel fluorescein with chloropropionate-ester functionalities[J]. *RSC Adv.*,2014,4: 5289-5292.

[137]KIM Y, CHOI M, SEO S, et al.A selective fluorescent probe for cysteine and its imaging in live cells[J].*RSC Adv.*, 2014,4: 64183-64186.

[138]MA L, QIAN J, TIAN H, et al.A colorimetric and fluorescent dual probe for specific detection of cysteine based on intramolecular nucleophilic aro-matic substitution[J].*Analyst*, 2012,137: 5046-5050.

[139]SONG L, JIA T, LU W, et al.Multi-channel colorimetric and fluorescent probes for differentiating between cysteine and glutathione/ homocysteine[J].*Org.Biomol.Chem.*,2014,12: 8422-8427.

[140]NIU L, GUAN Y, CHEN Y, et al.BODIPY-based ratiometric fluorescent sensor for highly selective detection of glutathione over cysteine and homocysteine[J].*J.Am.Chem.Soc.*, 2012,134: 18928-18931.

[141]NIU L, ZHENG H, CHEN Y, et al.Fluorescent sensors for selective detection of thiols: expanding the intramolecular displacement based mechanism to new chromop hores[J].*Analyst*,2014,139: 1389-1395.

[142]GUAN Y, NIU L, CHEN Y, et al.A near-infrared fluorescent sensor for selective detection of cysteine and its application in live cell imaging[J].*RSC Adv.*,2014,4: 8360-8364.

[143]NIU L, YANG Q, ZHENG H, et al.BODIPY-based fluorescent probe for the simultaneous detection of glutathione and cysteine/ homocysteine at different excitation wavelengths[J].*RSC Adv.*, 2015,5: 3959-3964.

[144]LIU J, SUN Y, ZHANG H, et al.Simultaneous fluorescent imaging of Cys/Hcy and GSH from different emission channels[J].*Chem.Sci.*,2014,5: 3183-3188.

[145]MA D H, KIM D, SEO E, et al.Ratiometric fluorescence detection of cysteine and homocysteine with a BODIPY dye by mimicking the native chemical ligation[J].*Analyst*,2015,140: 422-427.

[146]WANG F, GUO Z, LI X, et al.Development of a small molecule probe capable of discriminating cysteine, homocysteine, and glutathione with three distinct turn-on fluorescent outputs[J].*Chem.Eur.J.*,2014,20: 11471-11478.

[147]LIM S Y, HONG K H, KIM D I, et al.Tunable heptamethine-azo dye conjugate as an NIR fluorescent probe for the selective

detection of mitochondrial glutathione over cysteine and homocysteine[J].*J.Am.Chem.Soc.*,2014,136: 7018-7025.

[148]LIU J, SUN Y, HUO Y, et al.Simultaneous fluorescence sensing of Cys and GSH from different emission channels[J]. *J.Am.Chem.Soc.*,2014,136: 574-577.

[149]LIU Y, LV X, LIU J, et al.Construction of a Selective Fluorescent Probe for GSH Based on a Chloro-Functionalized Coumarin-enone Dye Platform[J].*Chem.Eur.J.*,2015,21: 4747-4754.

[150]LIU J, SUN Y, ZHANG H, et al.A carboxylic acid-functionalized coumarin-hemicyanine fluorescent dye and its application to construct a fluorescent probe for selective detection of cysteine over homocysteine and glutathione[J].*RSC Adv.*,2014,4: 64542-64550.

[151]XU C, LI H, YIN B. A colorimetric and ratiometric fluorescent probe for selective detection and cellular imaging of glutathione[J].*Biosen.Bioelectron.*,2015,72: 275-281.

[152]DAI X, WANG Z, DU Z, et al.A colorimetric, ratiometric and water-soluble fluorescent probe for simultaneously sensing glutathione and cysteine/homocysteine[J].*Analytica Chimica Acta*,2015,900: 103-110.

[153]HE X, WU X, SHI W, et al.Comparison of N-acetylcysteine and cysteine in their ability to replenish intracellular cysteine by a specific fluorescent probe[J].*Chem.Commun.*,2016,52: 9410-9413.

[154]LI H, PENG W, FENG W, et al.A novel dual-emission fluorescent probe for the simultaneous detection of H_2S and GSH[J].*Chem.Commun.*,2016,52: 4628-4631.

[155]LI Y, LIU W, ZHANG P, et al.A fluorescent probe for the efficient discrimination of Cys, Hcy and GSH based on different cascade reactions[J].*Biosen.Bioelectron.*,2017,90: 117-124.

[156]ZHANG H, LIU R, LIU J, et al.A minimalist fluorescent probe for differentiating Cys, Hcy and GSH in live cells[J].*Chem.Sci.*,2016,7: 256-260.

[157]WANG W, ESCOBEDO J O, LAWRENCE C M, et al.Direct detection of homocysteine[J].*J.Am.Chem.Soc.*,2004, 126: 3400-3401.

[158]GUO Y, SHAO S, XU J, et al.A specific colorimetric cysteine sensing probe based on dipyrromethane-TCNQ assembly[J].*Tetrahedron Lett.*,2004,45: 6477-6480.

[159]AHN Y, LEE J, CHANG Y. Combinatorial rosamine library and application to in vivo glutathione probe[J].*J.Am. Chem.Soc.*,2007,129: 4510-4511.

[160]SHAO N, JIN J, CHEUNG S, et al.A Spiropyran-Based Ensemble for Visual Recognition and Quantification of Cysteine and Homocysteine at Physiological Levels[J].*Angew. Chem.*,2006,118: 5066-5070.

[161]SHAO N, JIN J, WANG H, et al.Design of Bis-spiropyran Ligands as Dipolar Molecule Receptors and Application to in vivo Glutathione Fluorescent Probes[J].*J.Am. Chem.Soc.*,2010,132: 725-736.

[162]LI Y, DUAN Y, LI J, et al.Simultaneous nucleophilic-substituted and electrostatic interactions for thermal switching of spiropyran: a new approach for rapid and selective colorimetric detection of thiol-containing amino acids[J].*Anal.Chem.*,2012, 84: 4732-4738.

[163]ZHOU X, JIN X, SUN G, et al.A cysteine probe with high selectivity and sensitivity promoted by response-assisted electrostatic attraction[J].*Chem.Commun.*,2012,48: 8793-8795.

[164]ZHOU X, JIN X, SUN G, et al.A sensitive and selective fluorescent probe for cysteine based on a new response-assisted electrostatic attraction strategy: the role of spatial charge configuration[J].*Chem.Eur.J.*,2013,19: 7817-7824.

[165]BAO G, RHEE W J, TSOURKAS A. Fluorescent

probes for live-cell RNA detection[J].*Annu.Rev.Biomed.Eng.*, 2009,11: 25-47.

[166]MORAGUES M E, MARTÍNEZ-MÁÑZ R, SANCENÓN F. Chromogenic and fluorogenic chemosensors and reagents for anions. A comprehensive review of the year 2009[J].*Chem.Soc. Rev.*,2011,40: 2593-2643.

[167]MALWAL S R, LABADE A, ANDHALKAR A S, et al. A highly selective sulfinate ester probe for thiol bioimaging[J]. *Chem.Commun.*,2014,50: 11533-11535.

[168]ZHENG L Q, LI Y, YU X D, et al.A sensitive and selective detection method for thiol compounds using novel fluorescence probe[J].*Anal.Chim.Acta.*,2014,850: 71-77.

[169]LEE D, KIM G, YIN J, et al.An aryl-thioether substituted nitrobenzothiadiazole probe for the selective detection of cysteine and homocysteine[J].*Chem.Commun.*, 2015,51: 6518-6520.

[170]ROS-LIS J V, MARTÍNEZ-MÁÑZ R, SOTO J, et al.Squaraine "ships" in the Y zeolite "bottle": a chromogenic sensing material for the detection of volatile amines and thiols[J].*J.Mater.Chem.*,2011,21: 5004-5010.

[171]ROS-LIS J V, MARTÍNEZ-MÁÑZ R, SOTO J.A selective chromogenic reagent for cyanide determination[J]. *Chem.Commun.*,2002: 2248-2249.

[172]DING Y, LI X, LI T, et al. α-Monoacylated and α, α'- and α, β'-Diacylated Dipyrrins as Highly Sensitive Fluorescence "turn-on" Zn^{2+} Probes[J].*J.Org.Chem.*,2013,47: 5328-5338.

[173]YOSHIDA Y, OHIWA Y, SHIMAMURA M, et al. Optimum conditions for derivatization of glutathione, cysteine and cysteinylglycine in human plasma with ammonium 7-fluorobenzo- 2-oxa-1,3-diazole-4-sulfonate for accurate quantitation by high-performance liquid chromatography[J]. *J.Health.Sci.*,2003,49: 527-530.

[174]ZHANG Y, SHAO X, WANG Y, et al.Dual emission channels for sensitive discrimination of Cys/Hcy and GSH in plasma and cells[J].*Chem.Commun.*,2015,51: 4245-4248.

[175]ZHANG Y, HUO F, YIN C, et al.An off-on fluorescent probe based on maleimide for detecting thiols and its application for bioimaging[J].*Sens.Actuators B: Chem.*,2015,207: 59-65.

[176]YIN J, KWON Y, KIM D, et al.Cyanine-based fluorescent probe for highly selective detection of glutathione in cell cultures and live mouse tissues[J].*J.Am.Chem.Soc.*,2014,136: 5351-5358.

[177]WU D, CHEUNG S, DEVOCELLE M, et al. Synthesis and assessment of a maleimide functionalized BF_2 azadipyrromethene near-infrared fluorochrome[J].*Chem. Commun.*,2015,51: 16667-16670.

[178]CHEN S, HOU P, ZHOU B, et al.A red fluorescent probe for thiols based on 3-hydroxyflavone and its application in living cell imaging[J].*RSC Adv.*,2013,3: 11543-11546.

[179]SHIU H Y, WONG M K, CHE C M. "turn-on" FRET-based luminescent iridium（III）probes for the detection of cysteine and homocysteine[J].*Chem.Commun.*,2011,47: 4367-4369.

[180]LiN Q, BAO C, CHENG S, et al.Target-activated coumarin phototriggers specifically switch on fluorescence and photocleavage upon bonding to thiol-bearing protein[J].*J.Am. Chem.Soc.*,2012,134: 5052-5055.

[181]WOOD Z A, SCHRÖER E, HARRIS J R, et al. Structure, mechanism and regulation of peroxiredoxins[J].*Trends Biochem.Sci.*,2003,28: 32-40.

[182]SCHULZ J B, LINDENAU J, SEYFRIED J, et al. Glutathione, oxidative stress and neurodegeneration[J].*Eur. J.Biochem.*,2000,267: 4904-4911.

[183]SHAHROKHIAN S. Lead phthalocyanine as a selective carrier for preparation of a cysteine-selective electrode[J].*Anal.*

Chem.,2001,73: 5972-5978.

[184]WANG X F, CYNADER M S. Astrocytes provide cysteine to neurons by releasing glutathione[J].*J.Neurosci.*, 2001,21: 3322-3331.

[185]NIU L, GUAN Y, CHEN Y, et al.A turn-on fluorescent sensor for the discrimination of cysteine from homocysteine and glutathione[J].*Chem.Commun.*,2013,49: 1294-1296.

[186]ZHANG M, YU W, LI F, et al.A Highly Selective Fluorescence turn-on Sensor for Cysteine/Homocysteine and Its Application in Bioimaging[J].*J.Am.Chem.Soc.*,2007,129: 10322-10323.

[187]PHAM T N, SOOKNOI T, CROSSLEY S P, et al. Ketonization of Carboxylic Acids: Mechanisms, Catalysts, and Implications for Biomass Conversion[J].*ACS Catal.*,2013,3: 2456-2473.

附录　本书中主要化合物的核磁共振氢谱、核磁共振碳谱以及高分辨质谱图

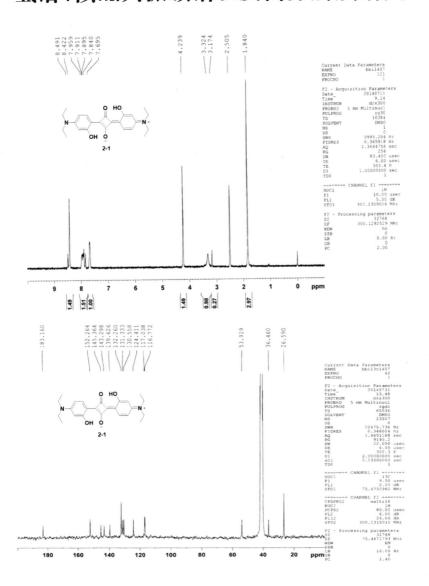

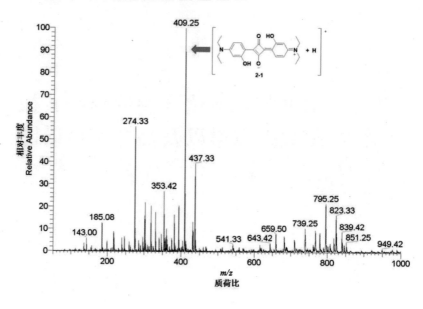

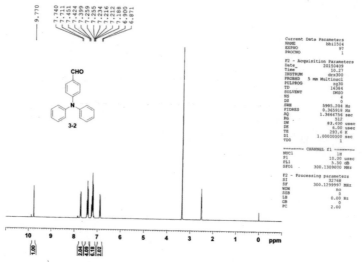

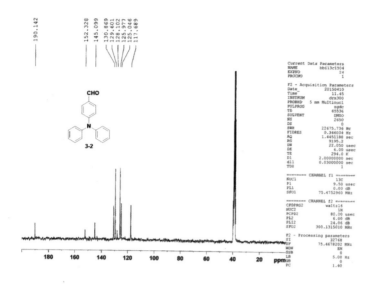

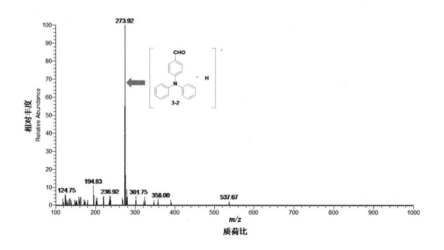

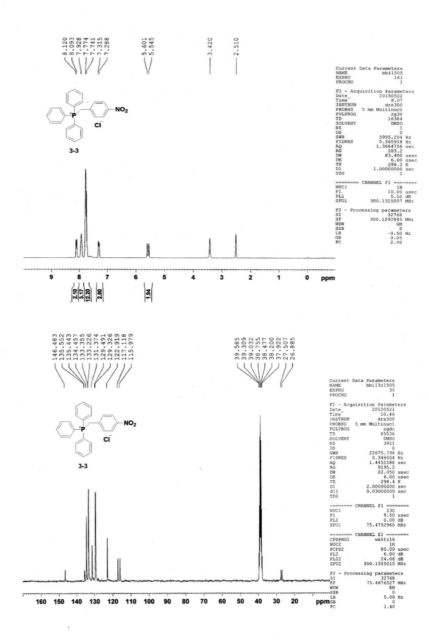

附录　本书中主要化合物的核磁共振氢谱、核磁共振碳谱以及高分辨质谱图

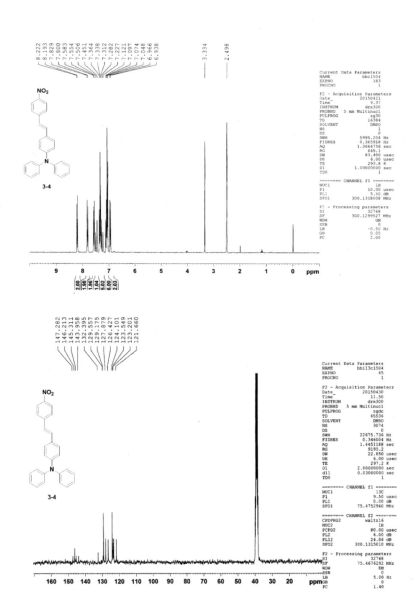

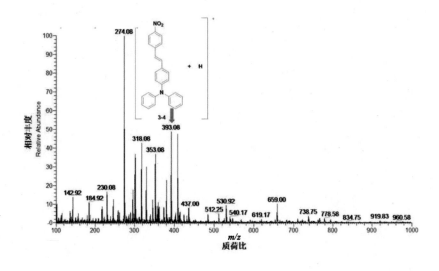

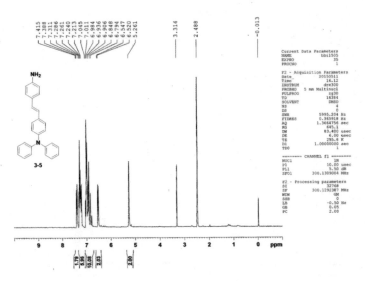

附录 本书中主要化合物的核磁共振氢谱、核磁共振碳谱以及高分辨质谱图

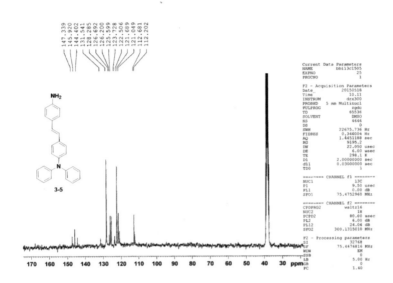

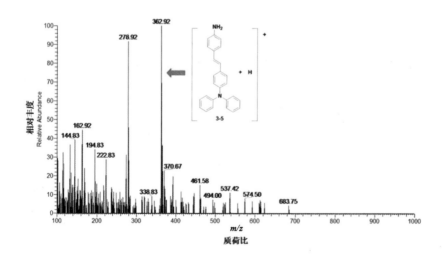

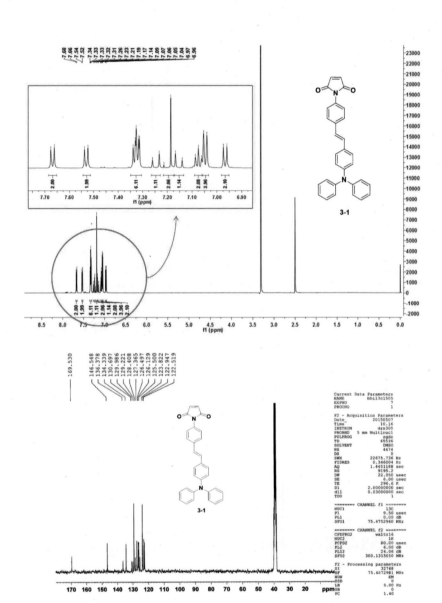

附录 本书中主要化合物的核磁共振氢谱、核磁共振碳谱以及高分辨质谱图

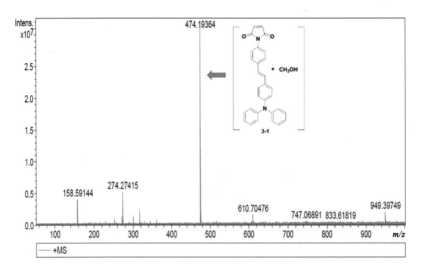

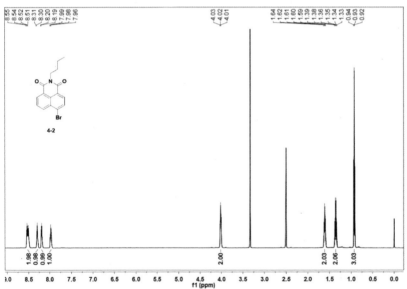

基于迈克尔加成的硫醇荧光成像探针

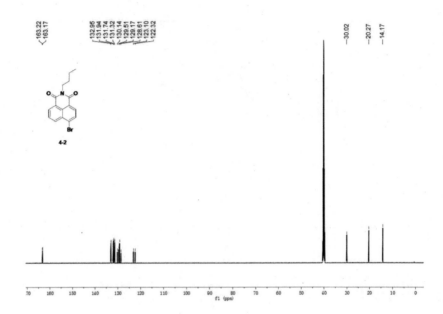

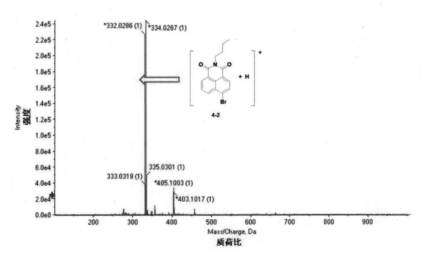

附录　本书中主要化合物的核磁共振氢谱、核磁共振碳谱以及高分辨质谱图

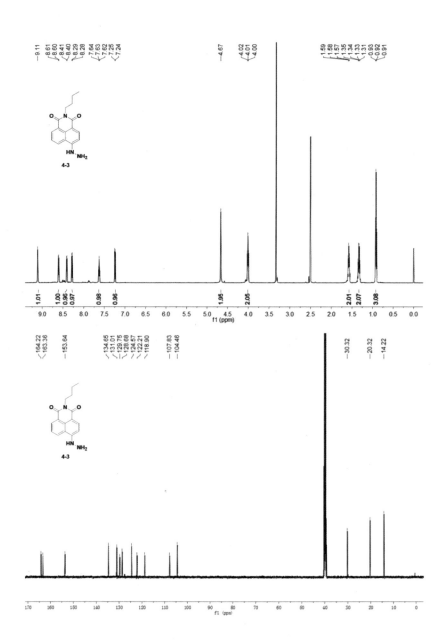

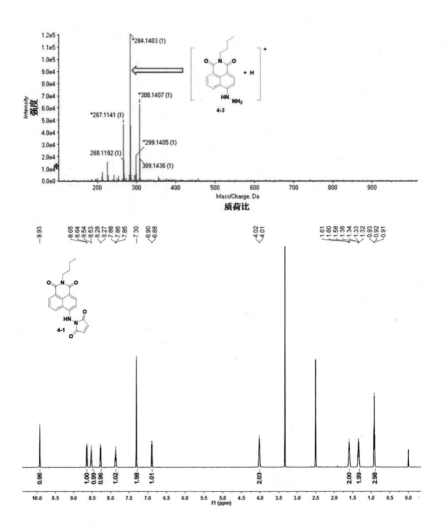

附录　本书中主要化合物的核磁共振氢谱、核磁共振碳谱以及高分辨质谱图

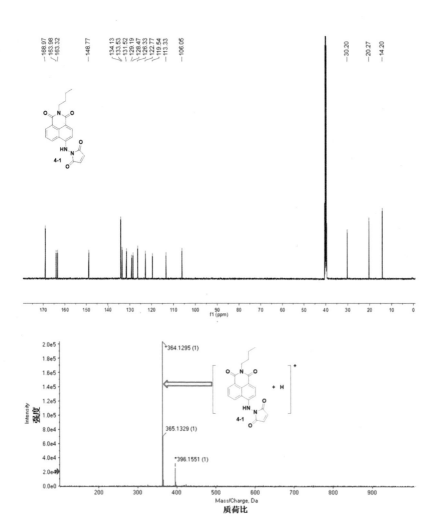

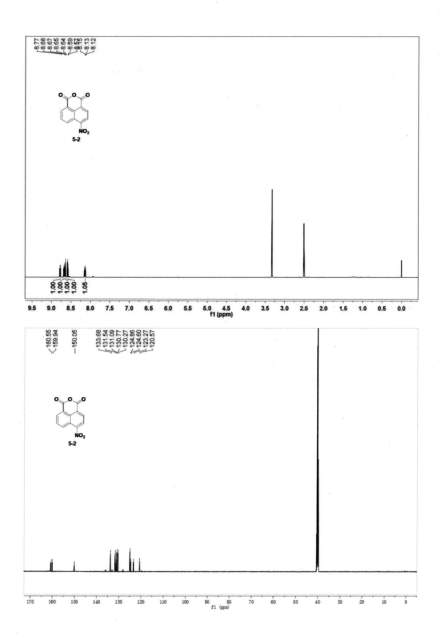

附录　本书中主要化合物的核磁共振氢谱、核磁共振碳谱以及高分辨质谱图

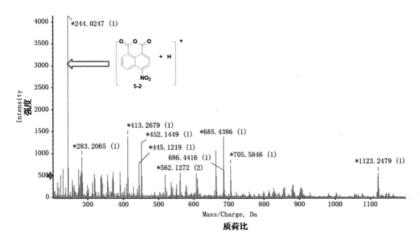

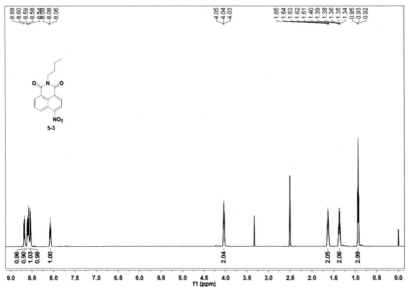

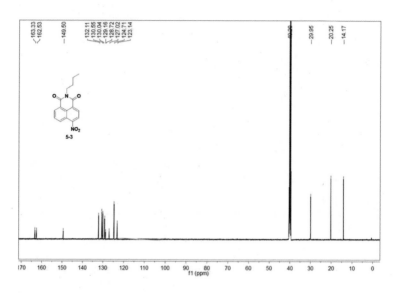

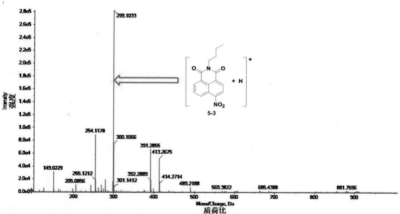

附录 本书中主要化合物的核磁共振氢谱、核磁共振碳谱以及高分辨质谱图

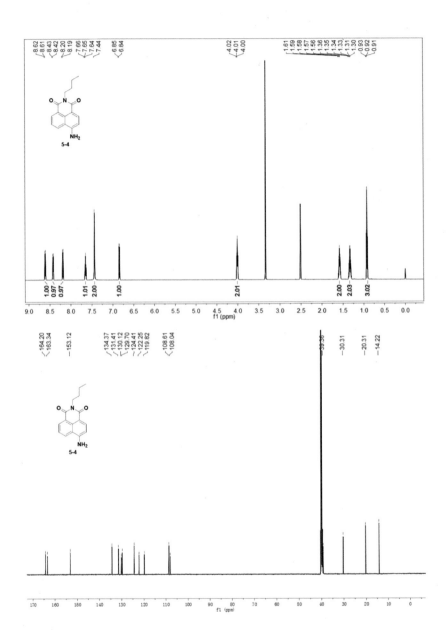

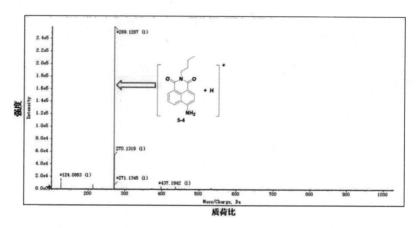

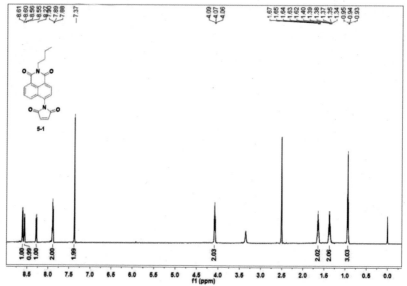

附录 本书中主要化合物的核磁共振氢谱、核磁共振碳谱以及高分辨质谱图

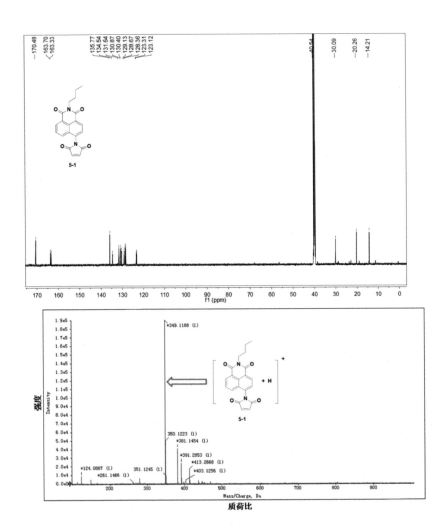

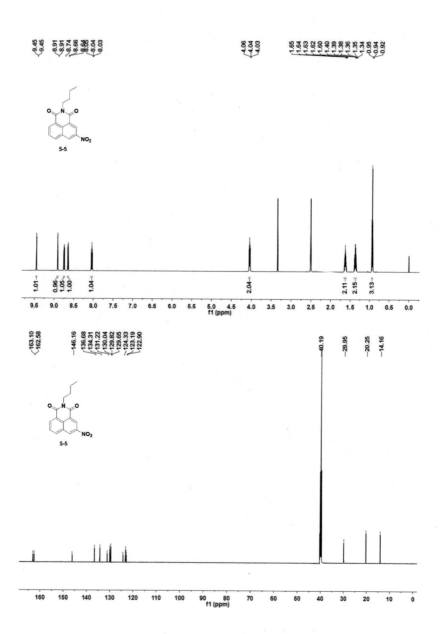

附录　本书中主要化合物的核磁共振氢谱、核磁共振碳谱以及高分辨质谱图

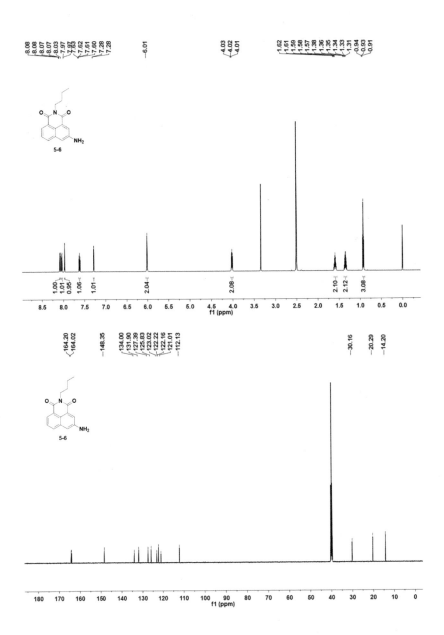

基于迈克尔加成的硫醇荧光成像探针

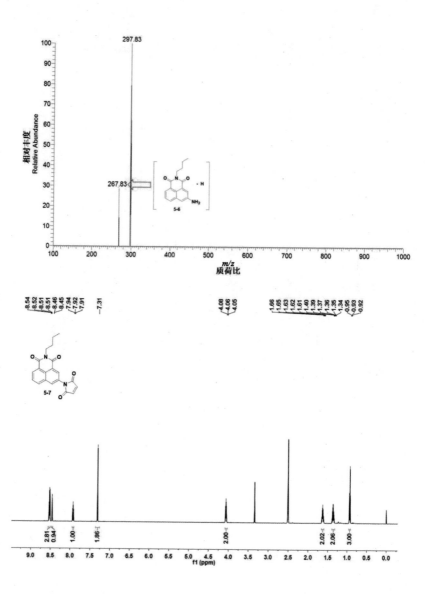

附录　本书中主要化合物的核磁共振氢谱、核磁共振碳谱以及高分辨质谱图

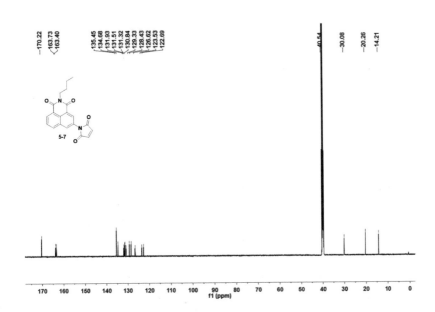

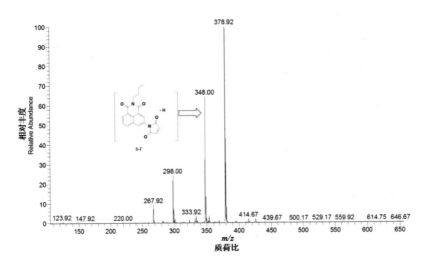

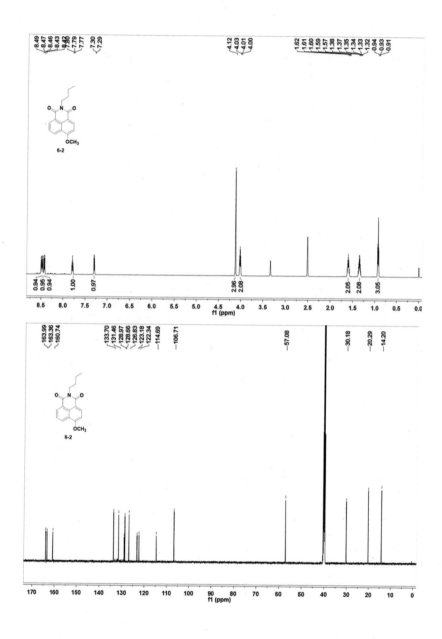

附录　本书中主要化合物的核磁共振氢谱、核磁共振碳谱以及高分辨质谱图

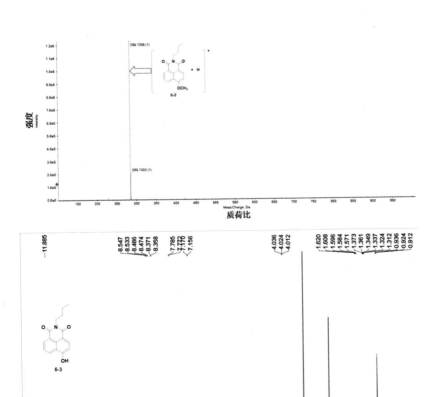

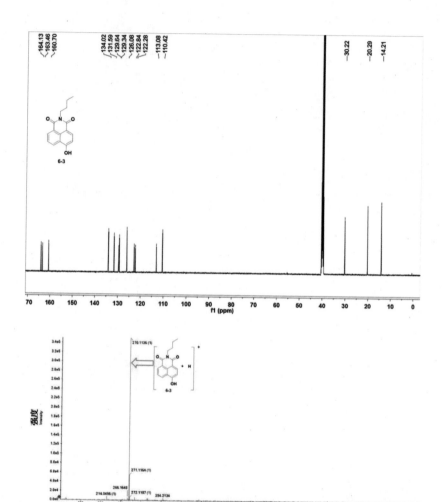

附录 本书中主要化合物的核磁共振氢谱、核磁共振碳谱以及高分辨质谱图

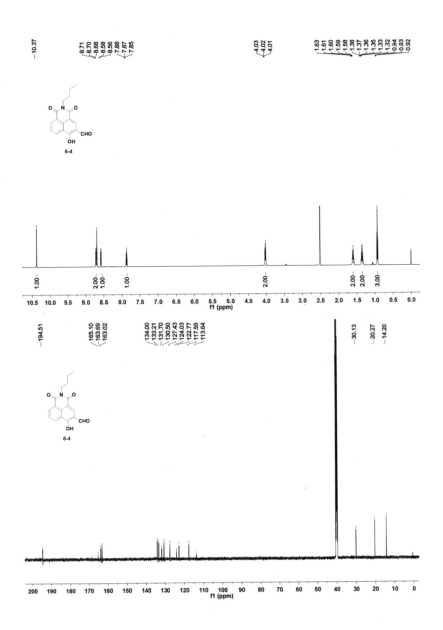

基于迈克尔加成的硫醇荧光成像探针

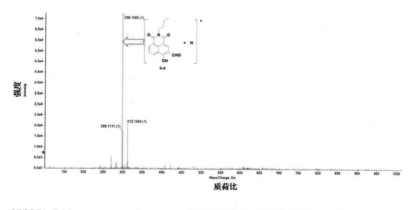

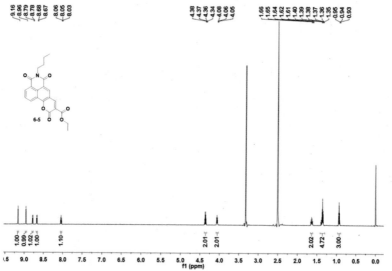

附录　本书中主要化合物的核磁共振氢谱、核磁共振碳谱以及高分辨质谱图

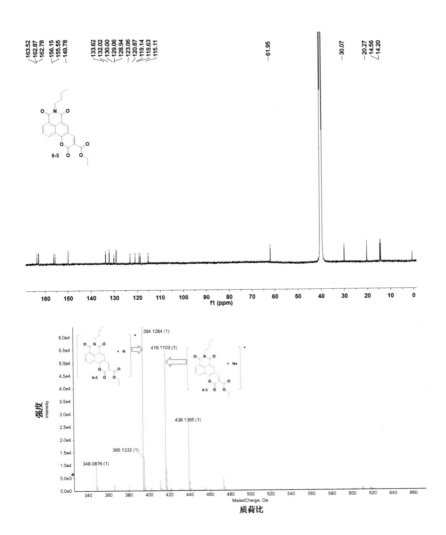

基于迈克尔加成的硫醇荧光成像探针

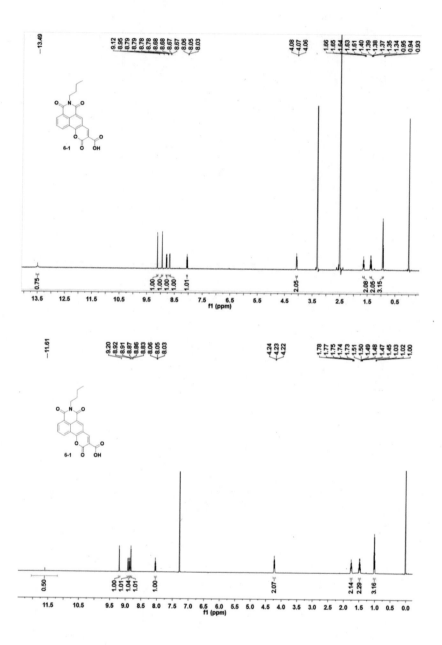

附录　本书中主要化合物的核磁共振氢谱、核磁共振碳谱以及高分辨质谱图

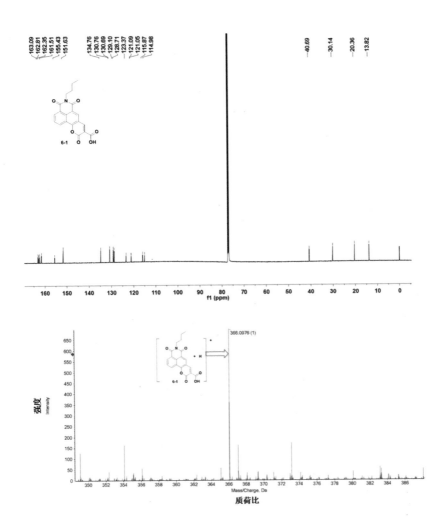